# 便当：

## 家的味道

黄蕾 主编

U0388198

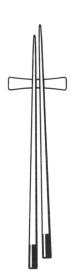

黑龙江科学技术出版社
HEILONGJIANG SCIENCE AND TECHNOLOGY PRESS

图书在版编目（CIP）数据

便当：家的味道 / 黄蕾主编 . —— 哈尔滨：黑龙江
科学技术出版社 , 2017.9
ISBN 978-7-5388-9304-5

Ⅰ . ①便… Ⅱ . ①黄… Ⅲ . ①食谱 Ⅳ .
① TS972.12

中国版本图书馆 CIP 数据核字 (2017) 第 195755 号

便当：家的味道

BIANDANG : JIA DE WEIDAO

主　　编　黄蕾
责任编辑　徐洋
策划编辑　深圳市金版文化发展股份有限公司
封面设计　深圳市金版文化发展股份有限公司
出　　版　黑龙江科学技术出版社
　　　　　地址：哈尔滨市南岗区公安街 70-2 号　　邮编：150007
　　　　　电话：（0451）53642106　　传真：（0451）53642143
　　　　　网址：www.lkcbs.cn www.lkpub.cn
发　　行　全国新华书店
印　　刷　深圳市雅佳图印刷有限公司
开　　本　720 mm × 1020 mm　　1/16
印　　张　10
字　　数　100 千字
版　　次　2017 年 9 月第 1 版
印　　次　2017 年 9 月第 1 次印刷
书　　号　ISBN 978-7-5388-9304-5
定　　价　29.80 元

# 序

# 好好爱自己

"中午吃啥？""不知道。""晚上吃啥？""不知道。"这样的对话你一定不陌生，因为它会出现在校园的每一个角落，也几乎天天在写字楼办公室里上演。要说没得吃，显然不是，无论是食堂还是街角餐厅，快餐盒饭看似选择多多，可千篇一律的口味让人感到厌倦又无奈，很多快餐还暴露出缺营养和不健康的问题，着实令人担忧。

近几年风靡市场的洋快餐虽然节省时间，但营养不均衡，口味单调，关于食材和用油的安全隐患时常见于报端，让人揪心，而且用餐高峰期排队时间长，无座位，外卖又经常延时送达或送错，让人在挨饿时又要受气。中小餐馆的饭菜往往高油、高盐、高糖，长期这样吃并不健康，且花销不小。高档饭馆吃不起，低档外卖吃不下，想要省钱、省事儿，最好口味也能随意换，这是每一个上班族乃至住宿学生族最美好的愿望。怎样满足自己的胃，更重要的是赶走吃饭时的无奈？吃饭不能凑合，如果你也在为吃什么而纠结烦恼，不想再吃外面的饭菜时，你会想到什么？答案是家，是妈妈。家是温暖的港湾，因为家不仅是个避风港，还有妈妈做的热腾腾的饭菜。为什么不试试自带便当呢？可口、卫生、营养、省钱、方便、温馨，不论是给自己做，还是给最爱的人做，一份便当就能让生活变得有滋有味，无论在哪都能感受到的温暖，因为小小便当盒里都是家的味道。

# Contents 目录

## Part 1
### 便当，你不了解的那些事

## Part 2
### 最温馨的爱：可爱造型亲子便当

# Part 3

最贴心的爱：元气满分上班便当

## Part 4
### 最独特的爱：创意十足爱心便当

# Part
# 1

## 便当
## 你不了解的那些事

总是有些离家的日子，
一个人在外，无论是求学还是工作。
在那些不在家的时间里，
吃饭依旧值得你真正对待。
因为，家人会担心；
因为，你需要温暖。
用一份小小的便当，
带着家里的味道，装着家的温暖，
陪伴着自己。

# 自带便当的3大理由

### NO.1 安全健康

　　外卖虽然方便、随叫随到、节省时间，但外卖的泡沫盒在高温下会产生一种致癌物质，且卫生条件不一定都符合标准，营养也无法满足人体日常所需。而自带便当食材新鲜，卫生健康。

### NO.2 增进食欲

　　外卖的千篇一律，食堂的单调无味，在外吃饭总找不到在家时的乐趣。然而自带便当就可以完美解决这个问题，幼儿的可爱造型便当、上班族的生活趣味性便当和色彩百搭便当跟随你的成长脚步陪伴你的生活。当你打开这份从家里做好的便当盒时，只会食欲倍增。

### NO.3 暖胃更暖心

　　幼儿园带的便当就是为了让白天离开父母身边的孩子能感受到与父母之间的联结，并借此教会孩子们懂得感恩。自家制的便当虽然有时菜式比不上外卖便当的华丽，但却多出一种可以感受到的温暖，那就是家的温暖。

# 便当盒的聚会

便当盒俗称饭盒，是一种用于盛装便当的盒子，种类繁多，有塑料的、木制的、不锈钢的。比较有名的是木片便当盒，又名木片快餐盒，源自日本，来自台湾。

## 不锈钢保温便当盒

卫生环保，经久耐用，全不锈钢一体成型，圆弧造型，清洗容易，旋扭盒盖设计，密封性更强；保温性能好，冷暖两用皆宜。

## 日式便当盒

上层为菜盒，内含一个分隔栏，可依据需要移动式分隔不同小菜。下层为饭盒，饭菜盒盖均带硅素胶条密封圈，杜绝渗漏，携带方便。

## 木片便当盒（木制便当盒）

源自日本，来自台湾。因为是木盒包装，具有透气功能，而且能吸掉饭菜中的一部分油和水分，使米饭保持弹性。

## 玻璃便当盒

玻璃的材料本身来源于天然，制作过程中经过高温，有害物质已经挥发掉，安全性较高，而且玻璃耐高温，导热性好，所以适合于微波炉烹饪使用。

## 儿童便当盒

外形和款式上拥有一个统一的风格，就是充满童真童趣。常配有鲜艳的色彩，做成各种动物形状或者印有卡通人物，以足够吸引和增加孩子的食欲和对吃饭的兴趣与喜爱。

# 不得不爱的便当小工具

## 保温包

目前市面上比较常见的保温包材质多为无纺布 + 铝膜珍珠棉，其次为牛津布或涤纶。保热保冷是保温包最基本的功能，是一种具有短时保温效果的特种箱包，可保冷 / 保热。产品保温层为珍珠棉 + 铝箔锡纸，能提供良好的隔热保温效果。

## 冰袋

将冰盒或冰袋放入冰箱冷冻室充分蓄冷，24 小时后取出使用放入保温包中，再将便当盒放入就可以冰镇冷藏食品。

## 模具

在需要将食材做成花式形状的时候，使用适合的模具可以事半功倍。除了蔬菜模具外，还可以使用饼干模具。

## 硅胶盛杯

盛杯可防止菜肴之间的味道混杂，也可以使便当内菜品排放看起来更整齐。选择颜色鲜艳、形状各异的盛杯，不仅能增加便当的色彩，还能提高食欲。

## 便当盒

要选用标明"微波炉适用"的便当盒，不然就应该搭配保温包。此外，选择便当盒时要注意挑选密封性能好的、锁扣牢固的，以免汤汁溢出。

# 便当制作原则

## 1. 营养搭配

　　自带的便当要保证菜品的搭配和营养，可以根据自身情况控制热量的摄入，把握油、盐、糖等调味品的添加。午餐的搭配最好做到有荤有素、粗细搭配，包含主食和动物性食物、豆类、蔬菜和水果等，及时、全方位地补充身体所需的营养物质。

## 2. 基本组合

　　**主食：**米饭或者粗粮。大米等谷物中富含糖，可补充身体和大脑所需能量，且微波炉加热后米饭基本上能保持原来的状态，馒头、烘饼等物容易变干。

　　**主菜：**肉、蛋、鱼类可以补充身体所需的蛋白质。

　　**副菜：**蔬菜、菌菇、豆类，富含人体所需的维生素和矿物质。其中，蔬菜以根茎、茄果类为主，不宜带绿叶蔬菜。因为绿叶蔬菜含有一定量的硝酸盐，经微波炉加热或存放时间过长会发黄、变味。

### 3. 色彩与美味

　　选择食材时可以从红、绿、黄、白、黑几色中挑选 3~4 种，色彩丰富的便当不仅营养平衡，视觉上也给人赏心悦目的感觉。在味道上，酸甜苦辣咸，多变不腻。煎炒烹炸，一盒数种烹饪法，口感新鲜。

--------------------------------------------------------

### 4. 防腐措施

　　便当盒用过后要洗净，再次装盒前，用干净的餐巾布蘸少许食醋水，将便当盒再擦一遍，醋味挥发后并不会影响菜肴味道，还可以起到一定的杀菌作用。

　　夏季气温高、湿度大的时候，宜少带豆制品、豆芽、豆腐等食物，因为其在湿热环境下非常容易变质，容易变味变馊。夏天应用保鲜膜抓饭团，隔着保鲜膜抓饭团不仅更干净，还不会弄脏手。此外，具有抗菌功效的梅干是夏季便当的必需品，不过只对接触到的部位效果显著，所以我们可以把碾碎的梅肉和食物混在一起，不仅能保鲜，还更美味。

　　尽量少用汤汁多的菜肴，水分多的菜容易滋生细菌，如果有汤要及时收汁。水果、生菜洗过后要擦干再装盒，使用防腐效果高的咖喱粉、醋、柠檬。

# 制作便当的注意事项

## 1. 凉拌菜不是自带佳选

　　自带便当里少做凉拌菜。凉拌菜在室温下久放会增加亚硝酸盐或繁殖细菌，如果一定要做，可以多加醋和大蒜泥以抑制细菌。另外，可以多做一些酸味的菜，因为酸多一些，细菌繁殖的速度就会慢一些。

## 2. 不宜带含油脂高的食品

　　回锅肉、糖醋排骨、肉饼、炒饭等油脂高的食品最好别带，因为它们含油脂太高了，和低油脂食品相比，这些东西更容易变质，不容易保鲜。

## 3. 饭菜最好分开放

　　自带便当最好饭菜分开存放，用两三个盒装最为合适。先将装热菜的盒子用沸水烫过，把刚出锅的热菜装进去，然后盖严，稍微凉一点立刻放冰箱中。另外取一个饭盒，专门用来储藏加热的食品，如生番茄、生黄瓜、生菜等，最好不要切碎，或者也可以放一些新鲜水果。

## 4. 自带单菜只要八成熟

　　预防食物变质，最好早晨现做，并把蔬菜炒到七八成熟即可，以防微波炉加热时进一步破坏其营养成分。同时要注意待温度降低后再放入饭盒，以免蔬菜变色、变质，这样一来，不但准备的时候省时，还能为午餐留下更多营养，一举两得。

# Part 2

# 最温馨的爱
# 可爱造型亲子便当

陪伴，是最好的疼爱。
孩子离家的时间里，
你的不舍，你的担忧，
让这可爱的便当，
带着对孩子的爱，
陪他走过成长道路上的每一天。
爱，需要表达：
宝贝，我爱你！

# 逗趣虾仁豆丁便当

豌豆嫩嫩甜甜，和虾仁在一起绝对是最佳搭档。这道虾仁豆丁便当简单易做，营养丰富，还不失童趣。第一次尝试可爱造型亲子便当的新手妈妈可以考虑哟~~~ 百分百成功率，给自己的便当之旅一个美好的开始。

菜单

虾仁豆丁
卡通蛋黄饼

## 虾仁豆丁

### 食材
虾仁 300 克，玉米粒、青豆粒、蛋清各适量，盐、白胡椒、糖、料酒、生抽、柠檬汁、食用油各适量

### 做法

1 虾仁洗干净，开背除去虾线，加蛋清、盐、生抽、料酒、柠檬汁、白胡椒拌匀。

2 玉米粒、青豆粒用沸水过一下，烫熟捞出后沥干水分。

3 热锅倒入食用油，等油温烧得高一些后，下虾仁翻炒至变色。

4 加入玉米粒和青豆粒，用盐、糖调味，炒匀即可。

## 卡通蛋黄饼

### 食材
鸡蛋 1 个，青豆 2 颗，胡萝卜丝少许，食用油适量

### 做法

1 将鸡蛋的蛋清和蛋黄分开，取蛋黄打散，调成蛋液。

2 热锅注油，倒入蛋黄液，小火煎一张蛋皮。

3 用猫咪模具印出猫咪图像，放上两颗青豆当眼睛，胡萝卜丝作为嘴巴即可。

# "滚滚"米汉堡便当

孩子是汉堡控，但又怕汉堡不健康、没营养。换种模式，变个食材，利用中国饮食独特的煮、焗、蒸的功能，将具有异国特色的汉堡与糯米相结合，制作了这款小清新的米汉堡。萌宝"滚滚"来了，有没有萌化你的心呢？

## 菜单

"滚滚"米汉堡

## 制作方法

## "滚滚"米汉堡

### 食材
米饭100克，鸡蛋1个，火腿2片，胡萝卜30克，生菜20克，番茄2片，海苔、食用油各适量

### 做法

1 胡萝卜去皮、擦成细丝，打入一个鸡蛋搅拌均匀。

2 平底锅刷一层油，舀入一勺蛋液，迅速摇匀，小火加热。

3 加热至边缘翘起，翻面，两面煎至金黄即可。

4 蛋饼用熊猫模具压出形状，番茄切薄片，大小与猫头类似。

5 熊猫模具覆盖一层保鲜膜，填入米饭。

6 将米饭压实，做成两片熊猫形状的汉堡饼坯。

7 取一片汉堡饼坯，放上一片生菜、一片压好造型的火腿。

8 加一片蛋饼、番茄，然后再依次加入火腿、蛋饼，最后盖上另一片汉堡饼坯，简单装饰即可。

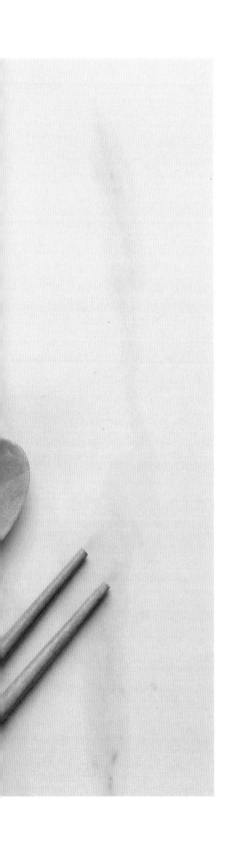

# 可爱小熊咖喱饭

可爱的造型深受小朋友喜爱，将便当装扮得充满童趣，不仅孩子喜欢，还能让孩子更爱吃饭。萌哒哒的小熊饭团，配上浓郁咖喱香味的咖喱鸡肉，还为小熊贴心地盖上一床被子，用便当表达爱。

菜单

小熊饭团
咖喱鸡肉
蛋饼

## 小熊饭团

### 食材

大米适量，芝士 2 片，海苔片、酱油各少许

### 做法

1 米饭淘净，加适量冷水上锅蒸熟。

2 米饭蒸熟后取出一半，加入少许酱油搅拌均匀。

3 用保鲜膜团出小熊的头，摆在合适位置，再团出小熊的耳朵和肚子。

4 用芝士片做出小熊的嘴巴和耳朵，海苔剪出小熊的眼睛、鼻子和嘴巴。

## 咖喱鸡肉

### 食材

鸡脯肉 200 克，土豆、胡萝卜、口蘑各 50 克，咖喱、食用油各适量

### 做法

1 将土豆、胡萝卜、鸡脯肉、口蘑切成小块备用。

2 锅里放油，油热后倒入鸡脯肉翻炒片刻。

3 加入土豆、胡萝卜继续翻炒，加 1 碗水和 1 块咖喱进去拌匀。

4 加入口蘑一起煮熟即可。

# 蛋饼

 食材

鸡蛋2个，火腿肠、玉米淀粉、食用油
各适量

## 做法

**1** 锅里薄薄抹一层油，鸡蛋加少许玉米淀粉搅拌均匀，摊成蛋饼。

**2** 把蛋饼切成方形，盖在小熊身上做被子，做出小熊的胳膊放在被子上面。

**3** 小熊胳膊以下的蛋饼边角料用波浪刀切成花纹。

**4** 用火腿肠压一些星星和小花、爱心，作为装饰即可。

## 装盒

蒸熟的米饭平铺在便当盒内，留出四分之一位置填入鸡肉，在适当的位置做出小熊饭团，盖上蛋饼做出小熊胳膊，最后做出蛋饼上的装饰即可。

## Tips

煮咖喱鸡肉的时候鸡肉不宜加入太早，不然容易煮得过老。

# 熊猫便当

熊猫宝宝挪动着自己胖嘟嘟的身子钻进了便当盒中，为孩子带上营养、带上健康，更带上他们的欢乐。就如熊猫爱不释手地抱着竹子，让你家宝宝对吃饭也爱不释手吧。

菜单

熊猫饭团
红烧肉
时蔬蛋卷花

## 制作方法

## 熊猫饭团

🏺 **食材**

大米 50 克，海苔 1 片

🍚 **做法**

1 米饭淘净，加适量冷水上锅蒸熟。

2 海苔剪出熊猫的眼睛、鼻子、耳朵、围巾和四肢。

3 米饭填入模具压实，再脱模，放上海苔装饰即可。

## 红烧肉

🏺 **食材**

猪肉 100 克，香菇 15 克，土豆 50 克，老抽、白糖、食用油各适量

🍚 **做法**

1 热锅烧油，待油热后放入白糖。

2 熬至白糖变成红色并冒大气泡。

3 倒入猪肉翻炒上色，加入适量老抽炒匀。

4 加入适量水，放入香菇、土豆一起炖熟。

# 时蔬蛋卷花

 食材

火腿肠50克，西蓝花80克，鸡蛋1个，
盐、淀粉各适量

🍲 做法

1 火腿肠切段，一段切成网状但底端不要
切断；西蓝花切小朵。

2 起锅注入少量水和一点食盐，将切好的
火腿肠和西蓝花焯熟。

3 鸡蛋取蛋黄，加少量淀粉摊成蛋饼。

4 切成长条折叠一下，切成连着的细条状，
将火腿肠放中间卷起。

## 装盒

便当盒铺一层生菜，放上熊猫饭团，蛋卷花
放入合适位置，再放入红烧肉、西蓝花填空。

*Tips*

红烧肉最好用一层肥一层瘦的五花肉，五花肉
要翻炒出油，表面微黄再烧制，这样五花肉的口感
不油腻。

# 超萌饭团便当

童话般的世界，有着漂亮的彩虹和一群无忧无虑的小动物。百搭的便当，不仅接受了彩虹彩色的世界，还包揽了动物们的 Q 萌可爱。用饭团君来终结你家孩子的挑食、不爱吃饭！

**菜单**

彩虹饭团
动物饭团
水果沙拉

制作方法

## 彩虹饭团

⏲ **食材**

米饭 1 碗，抹茶粉 1 茶匙，甜菜粉 1 茶匙

🍽 **做法**

1 蒸好需要的米饭量，取一茶匙抹茶粉，放入米饭中搅拌均匀。

2 取一茶匙甜菜粉放入等量的米饭中搅拌均匀。

3 取一张保鲜膜，盛出适量的抹茶饭和甜菜饭放于保鲜膜上，捏成圆饼状。

4 注意抹茶饭和甜菜饭对半分开，将饭团从保鲜膜中取出。

## 动物饭团

⏲ **食材**

米饭 1 碗，火腿肠 1 根，海苔片 1 张

🍽 **做法**

1 将米饭放于保鲜膜中，捏成圆饼状。

2 海苔用造型压花器压出熊猫的五官和小猪的眼睛。

3 将火腿肠切出小猪的鼻子和耳朵，放于饭团上。

## 蔬菜沙拉

⏲ **食材**

苦菊 80 克，红生菜叶少许，鸡蛋 1 个，沙拉酱少许

🍽 **做法**

1 把鸡蛋放入沸水锅中煮熟，捞出过凉水，剥壳切成小块。

2 苦菊、红生菜叶洗净，甩干水分，切成小段。

3 苦菊、红生菜叶铺入底部，撒上鸡蛋片。

4 淋入沙拉酱，在食用时拌匀即可。

# 刺猬便当

一群呆萌的小刺猬，虽因为背上扎满了小刺让人难以靠近，但 TA 们却有一颗友善的心，将身上的阻碍收起。赶在寒冷的季节到来之前，储备下各种美味的食物。TA 们辛勤地劳作着，为的就是稳稳地过上一个富足温暖的冬……让喜爱 TA 们的小朋友爱上便当，爱上吃饭。

**菜单**

刺猬饭团
芦笋火腿卷
香煎鸡排
水果沙拉

制作方法

## 刺猬饭团

⏳ **食材**

熟米饭 50 克，海苔 1 片，胡萝卜少许

🍽 **做法**

1 取适量熟米饭，放入套有保鲜膜的刺猬模具中压实，待饭团定型后取出。

2 用海苔剪出刺猬的眼睛和身上的刺。

3 取少许胡萝卜片，剪出刺猬的嘴巴，贴在刺猬饭团适宜的位置即可。

## 芦笋火腿卷

⏲ **食材**

芦笋 20 克，火腿 30 克，盐少许，食用油适量

🍽 **做法**

1 将芦笋洗净切段，放入加了盐的沸水锅内焯至断生，捞出沥干。

2 用火腿将焯好的芦笋包裹起来。

3 平底锅内加少许油烧热，放入芦笋火腿卷微煎一下，盛出即可。

## 香煎鸡排

⏲ **食材**

鸡胸肉 200 克，鸡蛋 1 个，淀粉、面粉、盐、胡椒粉、料酒、咖喱粉、食用油各适量

🍽 **做法**

1 将鸡胸肉切成薄块，加盐、胡椒粉、料酒和咖喱粉腌渍 10 分钟至入味。

2 准备两个碗，一个碗里面放三大勺面粉和一大勺淀粉的混合物，一个碗里面将鸡蛋打散备用。

3 将腌渍好的鸡胸肉裹一层鸡蛋液，然后再裹一层面粉、淀粉的混合物。

4 热锅注入少许食用油，将裹好的鸡排放入锅中煎至呈金黄色即可。

# 水果沙拉

 **食材**

香瓜、火龙果、圣女果各适量，苹果少许，沙拉酱 5 克，柠檬汁 5 毫升

**做法**

1 香瓜、火龙果、苹果洗净切薄片，然后取便当小模具印出星星、爱心、花朵等图像。

2 圣女果洗净对半切开。

3 取一小盒，将印好形状的水果和切半的圣女果放入碗中，淋上柠檬汁拌匀，再淋上沙拉酱即成。

 **装盒**

　　取出一大一小两个便当盒，将刺猬饭团放入大饭盒中，另一侧整齐叠放上切块的鸡排，再插缝放入芦笋火腿卷，再取一个便当盒，依次放入其他配菜，水果沙拉装在硅胶盛杯中。

*Tips*

火腿片本身有咸味，芦笋用盐水焯熟后又脆又嫩，所以可以不用再加盐。

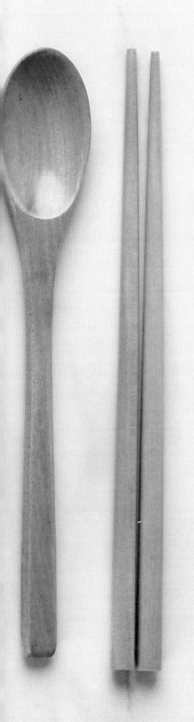

# 海绵宝宝便当

《海绵宝宝》是美国电视节目历史上最受孩子们喜爱的动画系列片之一。海绵宝宝是方块形的黄色海绵，住在比基尼海滩的一个菠萝里，而调皮的你，把它装进了自己的便当盒，还有它的好朋友章鱼哥。

菜单

海绵宝宝饭团
章鱼香肠
日式炸鸡块

## 海绵宝宝饭团

### 食材

米饭50克，鸡蛋2个，芝士1片，荷兰豆、海苔、盐各少许

### 做法

1 鸡蛋煮熟，剥出煮熟的蛋黄取出，拌入米饭中。

2 加少许盐，将米饭拌匀，用保鲜膜包裹做成长方形。

3 用模具或牙签将芝士切成圆形，做海绵宝宝的眼白。

4 荷兰豆的皮切中型圆做眼仁；用海苔剪出黑眼仁、睫毛和嘴，贴好。

5 用芝士切小四方形做牙齿；煎薄鸡蛋饼，切两个等大的圆和一个椭圆，分别做海绵宝宝的鼻子和脸蛋。

## 章鱼香肠

### 食材

香肠2根，芝士、海苔各适量

### 做法

1 将香肠斜切，切出章鱼的四只脚。

2 放入微波炉里加热到四只脚翘起，取出待用。

3 用吸管在芝士上钻个洞，作为章鱼的眼睛，海苔作为章鱼眼珠即可。

# 日式炸鸡块

**食材**

鸡肉 200 克，姜 3 片，土豆淀粉、盐、胡椒粉、料酒、酱油、白砂糖、食用油各适量

**做法**

1 鸡肉切块，放入碗中，加入料酒、姜、酱油、胡椒粉、盐、白砂糖腌渍 20 分钟。

2 将腌渍好的鸡肉块倒入笊篱中，滤去调味汁。

3 处理好的鸡块均匀裹上一层土豆淀粉。

4 锅里倒入足量的油，待油热后，放入鸡块，炸至表面金黄捞出沥干即可。

## 装盒

海绵宝宝饭团先放入一个便当盒的一侧，在另一侧放入日式炸鸡块，空隙处用法国香芹和对切的圣女果装饰。另一个便当盒中以同样的方式放好章鱼香肠和剩余的日式炸鸡块，以西蓝花装饰。

*Tips*

油温可根据插入长筷子时的起泡状况来判断，当插入筷子剧烈地冒出大气泡时放入鸡块。

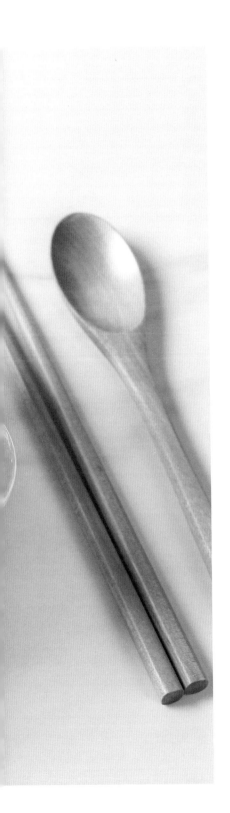

# 小猪版紫菜包饭便当

番茄香肠芝士味紫菜包饭，加上美丽鸡蛋玫瑰花和小猪造型，便成了这款漂亮又可爱的便当！再加上黄瓜的组合，有蔬菜有肉有饭，料足营养！就连大块香肠都是大小超市里非常普遍的方块香肠！

菜单

紫菜包饭
蛋玫瑰花
小猪香肠

## 制作方法

## 紫菜包饭

⌛ **食材**

米饭1小碗，番茄1个，番茄沙司2汤勺，玉米肠2根，芝士2片，海苔1张

🍽 **做法**

1 番茄去蒂切十字花刀，倒扣在米饭中间，撒入盐调味。

2 将番茄捣碎，并加入番茄沙司调味。

3 保鲜膜上放紫菜，取一半的番茄饭铺上，盖上一片芝士。

4 放入对半切开的玉米肠，再盖上芝士片，接着铺上剩下的番茄饭。

5 将紫菜包饭压实定型10分钟，取出紫菜包饭，切开即可。

## 鸡蛋玫瑰花

⌛ **食材**

鸡蛋1个，盐、胡椒粉、玉米淀粉各少许，香肠片6片，黄瓜、食用油各适量

🍽 **做法**

1 取蛋黄加盐、胡椒粉、玉米淀粉混匀。

2 锅注油烧热，倒入鸡蛋液，迅速转动锅，待鸡蛋边缘稍稍翘起，翻面摊10秒。

3 取出切开，加入香肠片，折成长条形，卷成玫瑰花形。

4 刨出薄薄的黄瓜皮，作为玫瑰花的叶子。

# 小猪香肠

⏳ **食材**

大块香肠 1 块，海苔 1 张

🍲 **做法**

**1** 用方块火腿肠切出长方形的身体，剪出小猪的鼻子、耳朵和 4 只猪蹄。

**2** 对折海苔，剪出眼睛和鼻孔，再剪一条长方形，划分猪头和猪身。

**3** 把海苔和火腿肠放在适当的位置，就可以做出小猪造型的香肠了。

**装盒**

　　将1个紫菜包饭卧倒垫底，方便摆上小猪香肠，2个紫菜包饭直立摆放，空余位置放入鸡蛋玫瑰花，最后在空隙处用红叶生菜和沙拉点缀装饰。

*Tips*

　　蛋清、蛋黄分离，可以用大一些的漏勺直接把蛋黄舀起来，等蛋清流到碗里后，蛋清和蛋黄就成功分离。

# 动物趣味便当

想给孩纸做份有趣的便当，时间不够，造型来凑！用西瓜简单地做几只动物，再为它准备好浪漫的花田，色彩、造型兼备，不仅做的时候开心，打开便当盒时依旧会被这样的组合惊艳到。

菜单

炸春卷
花色萝卜
酸辣土豆丝
动物西瓜

制作方法

## 炸春卷

⏲ **食材**

春卷皮100克，包菜70克，瘦肉80克，香干40克，盐、鸡粉、料酒、生抽、水淀粉、食用油各适量

🍲 **做法**

1 将各食材洗净切丝，倒入油锅中淋少许料酒炒香。

2 加入少许盐、生抽、鸡粉炒匀，倒入适量水淀粉。

3 关火后盛出炒熟的材料，取春卷皮，取适量馅料包好。

4 包好的春卷热锅温油，调至小火慢炸，炸至金黄色捞出，放在吸油纸上控油。

## 酸辣土豆丝

### 食材
土豆1个，小红椒2根，蒜2瓣，葱1根，白醋、盐、食用油各适量

### 做法

1. 土豆切丝，放入清水中浸泡洗净，然后捞出沥干。

2. 小红椒洗净切碎，蒜剥皮拍碎，葱切成葱花。

3. 热锅倒油烧热，放蒜末、红椒碎爆香。

4. 放沥干后的土豆丝炒匀，加盐调味，白醋沿锅边淋入，撒葱花，炒匀关火。

## 花色萝卜

### 食材
紫甘蓝30克，白萝卜1段，盐、白醋、食用油各适量

### 做法

1. 白萝卜削皮，切片；紫甘蓝洗净切块。

2. 把白萝卜和紫甘蓝分别放入加了少许盐和油的开水锅里焯水一下。

3. 把紫甘蓝捞出，放入榨汁机榨汁，加入少许白醋，然后过滤一下残渣。

4. 把白萝卜用模具压出花型，放入紫甘蓝汁里充分浸泡。

5. 泡至变色，中间需要翻面，直至两面都均匀染上色。

# 动物西瓜

 **食材**
黄瓤西瓜 80 克

**做法**

1 西瓜切薄片，用喜欢的动物模具压出几块动物西瓜。

2 换上星星模具，压出几块星星西瓜。

 **装盒**

取一个有隔板的便当盒，在较小的那侧装米饭压平，摆上动物西瓜和适量的花色萝卜；另一侧将春卷码好，盛入酸辣土豆丝，法国香芹装饰即可。

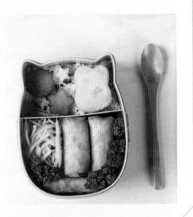

## *Tips*

春卷馅料不宜太多，过多不容易炸透。炸的过程中，不宜过火，大火容易将外表皮炸糊，馅料还是生的。

# 笑脸小狮子便当

作为妈妈，让我们用美食来给孩子留下童年记忆中妈妈的味道吧！让这张快乐的笑脸定格在他们幼小的记忆里，陪伴他们愉快地茁壮成长。

菜单

蔬菜厚蛋烧
笑脸饭团
春笋炒腊肠

制作方法

## 蔬菜厚蛋烧

### 食材
胡萝卜丁、青豆粒、玉米粒各 30 克，鸡蛋 3 个，盐、食用油各适量

### 做法

1 胡萝卜丁、青豆粒、玉米粒剁碎，放入鸡蛋液中，加盐调匀。

2 不粘锅烧温热刷油，舀鸡蛋液倒入锅内，平摊成蛋饼，将鸡蛋慢慢卷起。

3 卷好的鸡蛋推至锅边，再下蛋液重复上面的步骤直到蛋液用完，取出切块。

## 笑脸饭团

### 食材
米饭适量，海苔 1 张，火腿肠少许，寿司醋、盐各适量

### 做法

1 煮好米饭，加入适量寿司醋、盐拌匀。

2 米饭装入扁平圆形容具中压平，然后倒扣出来。

3 用海苔剪眉毛、眼睛、嘴巴、鼻子，贴在适当位置，用火腿肠切片做脸蛋腮红。

## 春笋炒腊肠

### 食材
竹笋片 100 克，腊肠片 75 克，姜片、蒜片、葱段各 2 克，盐、鸡粉、生抽、水淀粉、食用油、料酒各适量

### 做法

1 用油起锅，倒入姜片、蒜片、葱段，爆香。

2 放入腊肠炒香，倒入焯过水的竹笋片，炒匀。

3 淋入料酒、生抽，注入少许清水，加入盐、鸡粉，炒匀。

4 用水淀粉勾芡，煮至食材熟透。

# 最贴心的爱
# 元气满分上班便当

对于繁忙的上班族来说，
健康和工作，一样很重要；
对于时尚的 office lady 来说，
身材和美食，更是缺一不可。
做一份健康、科学又营养的工作日便当，
既能带来好心情，又能为身体加油、充电……

# 五彩鸡肉球便当

荤素搭配营养好，优质蛋白质鸡肉和维生素丰富的彩椒，不仅卖相好看，营养也满分。一份简简单单的便当，更多一份的体贴和关爱。

菜单

彩椒鸡肉球
鲜虾酿豆腐

## 彩椒鸡肉球

### 食材

鸡腿肉 100 克，红甜椒 30 克，黄甜椒 30 克，西葫芦 40 克，洋葱、番茄酱各少许，胡椒粉、盐、食用油各适量

### 做法

1 鸡腿肉切丁，洋葱切片，西葫芦和甜椒切块。

2 爆香洋葱，鸡丁皮朝下放好，盖上盖，小火烧片刻后等鸡肉卷起。

3 放入彩椒和西葫芦，翻炒片刻，加盖焖片刻，加盐、胡椒粉炒匀。

4 加入少许番茄酱，取少量团成圆形，其余直接装盘即可。

## 鲜虾豆腐酿

### 食材

虾 10 只，豆腐 50 克，猪肉 20 克，盐、鱼露、酱油各少许，淀粉、胡椒粉、芝麻油各适量

### 做法

1 虾洗净，去壳、去虾线，剁成泥状。

2 猪肉剁成泥，和虾泥混匀，加入淀粉和盐拌匀。

3 将鱼露、酱油、芝麻油调成酱汁。

4 豆腐切块，镶入肉馅中，放入蒸锅蒸 3~5 分钟。

5 将酱汁煮开，倒在蒸好的豆腐上即可。

# 花样杂粮便当

好身材吃出来，时尚低卡的便当也可以有更多花样，不只是萝卜青菜。维生素爆表的彩椒与可以促进脂肪新陈代谢的杂粮相配合，让你吃得开心、吃得放心，告别水桶腰！

菜单

西蓝花杂粮饭
日式蛋卷
凉拌彩椒

制作方法

## 西蓝花杂粮饭

### 食材
西蓝花70克，水发糙米、水发黑米、水发大米各50克

### 做法
1 西蓝花切成小朵，放入沸水锅中焯熟放凉。
2 锅中注入清水，放入水发糙米、水发黑米、水发大米，以大火煮开。
3 改小火煮30分钟后关火，放入焯熟后的西蓝花焖15分钟即可。

## 凉拌彩椒

### 食材
青椒、红椒、黄椒各1个，黑芝麻少许，芝麻油、醋、糖、盐各适量

### 做法
1 将青椒、红椒、黄椒分别洗净去籽，切成丝。
2 将三种彩椒丝放入沸水锅中，焯片刻至其断生，捞出沥干。
3 取一碗，放芝麻油、醋、糖、盐、青椒丝、红椒丝、黄椒丝，拌匀后撒上黑芝麻即可。

## 日式蛋卷

### 食材
鸡蛋2个，胡萝卜丁、洋葱丁各50克，葱花、胡椒粉、食用油、盐各适量

### 做法
1 鸡蛋打散，加盐拌匀，加胡萝卜丁、洋葱丁、葱花和少量胡椒粉搅拌均匀。
2 热锅注油，倒入蛋液，煎至成型后卷起至蛋饼的二分之一处。
3 将蛋饼重新拉至边缘，在空余锅底处刷油再次倒入蛋液，成型后卷起。
4 重复此动作直到蛋液用完。
5 将煎好的蛋卷切段，装入盘子中即可。

# 饭团便当

我的饭团我做主。除了文中最基本款的白米饭裹海苔饭团，你还可以开动马达，做出种种个人 style 的花式饭团。夹"心"的饭团创意无限；五颜六色的饭团外衣任你换；只要你愿意，饭团上还可以刷上独门酱汤，放入烤箱或烤面包炉中制成金黄香酥的烤饭团。

菜单

海苔饭团
芦笋培根卷
核桃杯

制作方法

## 海苔饭团

⌛ 食材

大米适量，烤海苔 5 片，盐适量

🍳 做法

1 大米放入电饭锅中煮熟，盛出凉到温热状态。

2 将手洗净，手指尖蘸上适量的盐，左手掌呈内圆形取适量米饭放入，来回转动，同时右手帮助用力按捏，形成三角形。

3 用烤海苔片包裹饭团的中部，使其与饭团粘合，依次将海苔饭团制好。

## 核桃杯

⌛ 食材

核桃仁适量

🍳 做法

将核桃仁入烤箱低温烤香，放入蛋糕纸杯中，也塞入木质便当盒中。

## 芦笋培根卷

⌛ 食材

鲜芦笋 40 克，培根 30 克，干淀粉、食用油各适量

🍳 做法

1 芦笋洗净，选取脆嫩的笋尖部分使用，每片培根分切成 2~3 段备用。

2 切段的芦笋放入沸水锅中，焯片刻至其断生，捞出沥干。

3 将芦笋尖包卷入培根中，尾部撒点干淀粉捏紧，将芦笋培根卷入煎锅煎熟。

# 鲜虾沙拉便当

简单有营养，好吃又健康。三明治配上沙拉，最简易的西方简餐，忙碌职场生活中为自己的身体加个油！鲜虾沙拉是一款由海虾、黄瓜等原料制成的菜品，三分钟就可完成，还可品味深海的美味。

菜单

泰式鲜虾沙拉
芝士火腿蛋三明治

制作方法

## 泰式鲜虾沙拉

### 食材

鲜虾 200 克，豆芽 100 克，黄瓜 50 克，洋葱 25 克，红辣椒 1 个，柠檬汁、鱼露、盐、胡椒粉各适量

### 做法

1 豆芽洗净，焯熟沥干；黄瓜切片；洋葱切丝；红辣椒切圈。

2 鲜虾去壳去头，沸水中焯熟。

3 柠檬汁、鱼露、盐和胡椒粉调成酱汁。

4 将所有蔬菜和鲜虾放碗中，倒入调好的酱汁，拌匀即可。

## 芝士火腿蛋三明治

### 食材

鸡蛋 1 个，吐司 2 片，芝士 1 片，火腿 1 片，沙拉酱适量

### 做法

1 火腿切片，鸡蛋煎熟。

2 取一片吐司，铺上一片芝士，然后铺上切好的火腿片。

3 铺上煎好的鸡蛋，加入沙拉酱，再将另一片吐司铺上即可。

# 三明治便当

三明治是最常见的西式简餐，一般是以两片面包夹几片肉和芝士、各种调料制作而成，它是一款制作简单、营养丰富、携带方便的组合食品，因此也是繁忙上班族的自带便当的第一选择，受到越来越多人的欢迎。

菜单

水果三明治
芦笋豆苗沙拉
焦糖菠萝

## 水果三明治

⏱ **食材**

吐司 2 片，菠萝 80 克，芝士适量

🍲 **做法**

1 用小火隔水加热芝士，使其融化。

2 将吐司片抹上芝士，加入切块的菠萝。

3 烤箱预热 180℃，中层约 10 分钟至表面金黄。

4 取出斜角对正切成三角形，摆盘即可。

## 芦笋豆苗沙拉

⏱ **食材**

芦笋 200 克，豆苗 100 克，盐、胡椒粉、橄榄油各少许，柠檬 2 片

🍲 **做法**

1 芦笋洗净，去老根，切成大段。

2 锅中注入适量清水煮沸，加入少许盐，放入切段的芦笋焯熟。

3 豆苗洗净，去老根，放入沸水锅中焯片刻，捞出沥干水分。

4 将芦笋和豆苗放在碗中，加入橄榄油、盐、胡椒粉，挤适量柠檬汁拌匀即可。

# 焦糖菠萝

 食材

菠萝 150 克，冰糖、黄油各适量

🍽 做法

1 将菠萝切片，去除硬芯，用盐水浸泡 15 分钟。

2 取出浸泡好的菠萝，沥干水分，放入锅中，不停搅拌，炒至菠萝不再出水。

3 下入黄油，待黄油熔化，放入冰糖熬制。小火不停搅拌，直至冰糖溶化，并变化为焦黄色。

4 将炒好的菠萝放入烤盘中，然后入烤箱中层，以 175℃烤制 30 分钟即可！

## 装盒

　　取一个分层便当盒，上层装上切块的水果三明治，下层一半装芦笋豆苗沙拉，一半装焦糖菠萝即可。

## *Tips*

　　烤制焦糖菠萝的时候，用锡纸将烤盘包好，以免烤制过程中焦糖粘在烤盘上不好清洗。

# 紫薯寿司便当

紫薯寿司是很常见的一种日本料理主食，清淡而营养丰富。喜欢吃寿司的朋友，可以给自己和家人吃的寿司大餐多一个选择、多一份色彩，这是一种紫色的致命诱惑。

菜单

紫薯寿司
酸奶水果沙拉
蜂蜜柠檬茶

制作方法

## 紫薯寿司

⚖ 食材

　海苔竹帘套装 1 个，米饭 150 克，蟹肉棒 50 克，火腿肠 1 根，紫薯 1 根

🍲 做法

1 紫薯洗净，放入蒸锅蒸熟，取出放凉剥皮，压成泥。

2 将紫薯泥和米饭放到一起，戴上一次性手套抓均匀。

3 在寿司卷帘上铺上一片海苔，取适量紫薯泥饭放入海苔内压平。

4 放上切好的火腿肠和蟹肉棒，把海苔卷起来，卷紧一点。

5 等寿司定型后，打开寿司卷帘取出紫薯寿司，然后用刀子切开即可。

## 蜂蜜柠檬茶

⚖ 食材

　新鲜柠檬 1 个，蜂蜜少许，盐适量

🍲 做法

1 柠檬用温水（40℃左右）浸泡 10 分钟，水内加一小勺盐。

2 捞起柠檬，另取盐将柠檬外表搓遍。

3 用净水将柠檬清洗干净，控干水分后，切成厚度适宜的薄片。

4 取一个便携的杯子，加入若干片柠檬，再加些蜂蜜到杯子里。

5 倒入事先准备好的凉白开即可。

## 水果沙拉

⚖ 食材

　芒果 1 个，酸奶 150 克，苹果 1 个，橙子 1 个

🍲 做法

1 芒果、橙子去皮切块；苹果去核，切成和芒果、橙子等大小的块状。

2 将切好的水果放在同一个玻璃碗中。

3 倒入酸奶，翻拌均匀，确保每一颗果粒都裹满酸奶的味道。

# 杂粮红杉鱼便当

　　山珍，海味。海鲜的甜美总是让人难以忘怀，生活中总有那么些爱好美食的人不自觉变身馋嘴的小猫咪，尤爱吃鱼。挑剔的小猫咪总是知道怎样的鱼更好吃，怎样的烹饪方法能最大限度地保留其营养与鲜美的口感。而红杉鱼是咸水鱼，简简单单给点生抽就已经非常鲜美了。

菜单

杂粮饭
姜汁红杉鱼
肉末豆角

## 制作方法

### 杂粮饭

⌚ **食材**

大米 60 克，糙米 50 克，黑米 50 克

🍽 **做法**

1 将大米、糙米、黑米淘洗干净。

2 将三种米放入电饭锅中，加适量清水，按下按键，以正常煮饭程序煮熟即可。

### 姜汁红杉鱼

⌚ **食材**

红杉鱼 200 克，姜丝 10 克，盐少许，生抽、食用油各适量

🍽 **做法**

1 红杉鱼处理干净后沥干水分，用盐、姜丝涂遍鱼的全身，腌渍片刻。

2 热锅注油，把鱼擦干，放入锅里，中火煎至两面金黄。

3 加入 1 匙生抽，注入少许清水烧开。

4 转中小火续煮 10 分钟左右，盛出装盘即可。

# 肉末豆角

 **食材**

肉末 120 克，豆角 200 克，盐、食用油
各少许

**做法**

1　豆角洗净切段，焯熟，捞出。

2　锅中热油，放入肉末煸炒至熟，盛出，
备用。

3　锅中重新倒少量油，快速煸炒豆角后，
加少许水煸炒。

4　待豆角快熟的时候，倒入炒好的肉末，
加入适量盐调味即可。

##  装盒

　　取一个分层便当盒，在一层装入杂粮饭和肉末
豆角；另一层便当盒以红叶生菜铺底，装入切好块
的姜汁红杉鱼，以小青柠点缀。

### *Tips*

红杉鱼本身已特别鲜美，所以不用再放鸡精之
类的调料。如果喜欢稍重口味，可以加点红尖椒。

# 三文鱼便当

　　一个真正的吃货，也一定明白，饮食的意义并不只是把肚子填饱，而是总用一颗专注执着的心去对待"吃什么、怎么吃"。就连上班的每一天都是一样，不能因为忙碌而忽略自己的胃。日料、西餐中常食用的三文鱼配上柠檬，若隐若现的清香和三文鱼的味道配合得恰到好处。

菜单

柠香煎三文鱼
番茄焖饭
炝拌绿豆苗

## 柠香煎三文鱼

⏳ **食材**

三文鱼 200 克，柠檬半个，料酒、酱油、盐、橄榄油各少许

🍛 **做法**

1 三文鱼两面均匀地抹上盐腌渍10分钟。

2 用厨房纸吸干三文鱼表面的多余水分。

3 不粘锅倒上适量橄榄油，放入三文鱼，鱼皮朝下调中火。

4 鱼皮煎到焦黄色，倒入少许酱油、料酒，挤入柠檬汁。

5 翻煎至鱼肉变焦黄，即可关火。

## 番茄焖饭

⏳ **食材**

番茄 1 个，大米 100 克，盐、黑胡椒粉、橄榄油各适量

🍛 **做法**

1 番茄洗净，去蒂，划十字花刀。

2 大米洗净加水，加入少许盐、黑胡椒粉和橄榄油。

3 放入去蒂的番茄，加盖煮成米饭。

4 煮熟后，用筷子去掉番茄的外皮，用饭勺搅拌米饭和番茄，拌匀即可。

# 炝拌绿豆苗

 食材

绿豆苗 150 克，蒜末、葱花、盐、香醋
各适量

🍲 做法

1 绿豆苗掐去根须，洗净，焯水断生后捞
　 出，沥干水分备用。

2 锅里放油，烧热后，先放蒜末爆香。

3 将锅中爆香后的热油和蒜末淋在焯过水
　 的豆苗上。

4 加入盐、香醋、葱花，拌匀装盘即可。

##  装盒

　　便当盒以对角线一分为二，一半以生菜铺底，
盛入番茄焖饭呈三角形，用生菜隔开；在另一半铺
入炝拌绿豆苗垫底，摆上柠香煎三文鱼即可。

## *Tips*

三文鱼肉很嫩，不需要煎得太熟，颜色稍微变
焦黄色就可以了。

# 香飘黄金鱼便当

　　香酥的外壳，鲜嫩的鱼肉，不仅有炸的香酥，还有鱼肉原本的鲜嫩，十里外的飘香，真是在你便当盒中都藏不住的美味。漂亮的颜色，诱人的香气，即使是在没有食欲的酷夏，都会唤醒肚子里的馋虫。

菜单

椒盐鱼块
肉末空心菜
田园沙拉

## 椒盐鱼块

⏳ **食材**

鱼块 200 克，鸡蛋液、花生油、白胡椒粉、生粉、料酒、盐、椒盐粉各适量

🍽 **做法**

**1** 鱼肉切成块状，放入白胡椒粉、盐、料酒腌渍 10 分钟。

**2** 鱼块先裹蛋液，再裹生粉。

**3** 热油锅，油温达到 150℃时，放入鱼块，炸至金黄酥脆捞起备用。

**4** 撒上椒盐粉，翻炒片刻即可。

## 肉末空心菜

⏳ **食材**

空心菜 200 克，肉末 100 克，彩椒 40 克，姜丝少许，盐、生抽、食用油各适量

🍽 **做法**

**1** 空心菜切段，彩椒切丝。

**2** 热油锅，倒入肉末，大火炒至松散。

**3** 淋入生抽，炒匀，撒姜丝，放入空心菜焯熟软。

**4** 倒彩椒丝，炒匀，加适量盐炒至食材入味即可。

# 田园沙拉

 **食材**

黄瓜 150 克，番茄 100 克，洋葱 50 克，

黑橄榄少许，盐、橄榄油、白醋各少许

**做法**

1 黄瓜洗净切片，番茄切块，洋葱切片，
黑橄榄切圈。

2 将黄瓜、番茄、洋葱、黑橄榄放入碗中。

3 淋上橄榄油和白醋，加盐拌匀装盘即可。

## 装盒

取一大一小两个木制便当盒，在大的便当放椒
盐鱼块，用隔板隔开，再装入肉末空心菜；另一个
小分层便当盒，一层装米饭，一层装田园沙拉即可。

## Tips

入锅后，鱼肉不散的前提就是：一是生粉需给
够，二是油温需达到要求。筷子伸入油锅中，向四
周翻滚很密集的小气泡，食材就可以下锅了。

# 煎饺便当

饺子好不好吃，馅料的调配是关键。现在市面上都有擀好的饺子皮销售，包饺子是一件非常简单的事情。上班不适合带调料，那我们就在家多做一步，锅中轻松一煎，一个个金黄金黄的煎饺，外酥里嫩，更是喜爱面食的朋友的多一项选择。

菜单

香菇煎饺
五彩黄鱼羹

制作方法

## 香菇煎饺

### 🕙 食材

香菇 80 克，肉末 100 克，鸡蛋 1 个，饺子皮适量，小葱、生姜、香菜、鸡精、盐、酱油、蚝油、食用油各适量

### 🍲 做法

1 香菇焯熟，和小葱、生姜、香菜都切成末，放入肉末中。

2 放进一个鸡蛋，适当放入盐、鸡精、酱油、蚝油，把肉馅拌匀。

3 取适量饺子馅放入饺子皮，依次包好。

4 锅里加水，放一勺盐，放入饺子煮熟捞出。

5 锅内倒油，油温七分热后转小火，加入饺子。

6 一直用小火煎成两面微黄，再转大火煎成两面金黄即可。

## 五彩黄鱼羹

### 🕙 食材

小黄鱼 200 克，西芹、去皮胡萝卜、松子仁、鲜香菇各 50 克，葱末、姜丝各适量，食用油、盐、料酒、水淀粉、胡椒粉、芝麻油各适量

### 🍲 做法

1 处理好的小黄鱼剔骨切丁，西芹、胡萝卜、香菇切丝。

2 热锅注油烧热，倒入葱末、姜丝，炒香。

3 倒入适量清水，放入西芹、胡萝卜、香菇。

4 放入松子仁、鱼肉，煮至熟。

5 加入盐、料酒、胡椒粉，搅拌调味。

6 倒入水淀粉勾芡，滴入少许芝麻油，盛出即可。

# 健康低热量便当

将健康低热量进行到底，在全民追求瘦的年代，想要瘦身就一定注意饮食结构的平衡，更要注意食材的选择，不要一味追求热量低而放弃了健康。低热量高纤维的糙米饭，加上富含蛋白质的鸡蛋，最后更不能缺少减肥必备的沙拉！

菜单

糙米饭
香菇鸡蛋饼
水果生菜沙拉

制作方法

## 水果蔬菜沙拉

⏳ 食材

黄瓜、西蓝花、紫甘蓝、生菜各 20 克，猕猴桃、苹果各适量，酸奶少许

🍲 做法

1 水果洗净去皮，切成块状。

2 黄瓜、紫甘蓝切丝，西蓝花切小朵，生菜剥成小块。

3 西蓝花、紫甘蓝放入沸水锅中焯熟。

4 蔬菜和水果放入玻璃碗，倒入酸奶拌匀即可。

## 香菇鸡蛋饼

⏳ 食材

鸡蛋 2 个，香菇、盐、胡椒粉、食用油各适量

🍲 做法

1 香菇洗净去蒂，切成小粒。

2 鸡蛋打散，加水、盐、胡椒粉拌匀，加入香菇粒拌匀。

3 平底锅烧热注油，倒入调好的蛋液，以小火煎成鸡蛋饼。

4 将煎好的鸡蛋饼取出，趁热卷起，然后切块即可。

## 糙米饭

⏳ 食材

大米 80 克，糙米 50 克

🍲 做法

1 大米和糙米分别淘洗干净。

2 将大米和糙米放入电饭锅中，加入适量清水，煮熟盛出即可。

# 田园便当

　　玉米、排骨，两个时常作伴的小伙伴，在日常生活中似乎已被看成一对固定搭档。今天让我们来点新意，多点创意，大胆地换个搭配，将排骨与玉米笋组合起来，体验不一样的美味，色泽上与玉米排骨相比也毫不逊色哟！

菜单

玉米笋焖排骨
什锦蔬菜
菠菜丸子

## 玉米笋焖排骨

### 🕐 食材

排骨段 270 克，玉米笋 200 克，胡萝卜 180 克，姜片、葱段、蒜末各少许，盐 3 克，生抽 5 毫升，料酒 6 毫升，食用油适量

### 🍲 做法

1 玉米笋切段，胡萝卜切块，放入沸水中，煮约 1 分钟捞出。

2 沸水锅中放入排骨段，煮约半分钟，余去血丝，捞出沥干水分。

3 热锅注油，爆香姜片、蒜末、葱段，倒入排骨段，翻炒。

4 加料酒、盐、生抽炒香。

5 放玉米笋、胡萝卜炒匀，注水烧开后用小火焖约 15 分钟即可。

## 什锦蔬菜

### 🕐 食材

玉米笋 30 克，胡萝卜 30 克，香菇、口蘑各 20 克，青椒、黄椒、芦笋、莴笋各 30 克，盐少许，食用油适量

### 🍲 做法

1 所有食材均切块。

2 以上蔬菜放入沸水锅中，加少许盐，用筷子拌匀，焯熟片刻。

3 另起锅，锅中放入少许油烧热，投入全部材料翻炒均匀。

4 加入适量盐，炒匀调味，出锅即可。

# 菠菜丸子

 **食材**

肉末 150 克， 菠菜 70 克，鸡蛋 1 个，
面粉、盐、芝麻油各适量

**做法**

**1** 菠菜焯软，捞出放凉，切碎，备用。

**2** 取大碗，放备好的肉末，加适量盐，倒
入菠菜末。

**3** 打入鸡蛋，加面粉、芝麻油，拌匀制成
肉馅。

**4** 将肉馅制成数个丸子，放入蒸锅中，用
中火蒸约 10 分钟至熟即可。

## 装盒

取一个组装便当盒，在大的便当盒中装入一半
的米饭，另一半位置盛入玉米笋焖排骨，可以挑几
块胡萝卜放在米饭上装饰，在两个小便当盒中分别
装入什锦蔬菜和菠菜丸子。

### Tips

想要菠菜丸子圆圆的，可以用手虎口处挤出圆
形，再用勺子挖起放进锅里炸。

# 牛肉便当

每天吃禽类和猪肉吃腻了？天天捣鼓鱼虾蟹太累了？那不如给自己换一种食材，顺便换一种心情。牛肉富含蛋白质，氨基酸组成比猪肉更接近人体需要，能提高机体抗病能力。假如现在已是寒冬，牛肉更能暖胃，温暖你的心。

**菜单**

黑椒洋葱炒牛肉
菠菜拌金针菇

制作方法

## 黑椒洋葱炒牛肉

⏲ **食材**

牛肉 200 克，洋葱 100 克，大蒜、红油、芝麻油、酱油、黑椒酱各适量，盐、白芝麻、淀粉各少许

🍲 **做法**

1 牛肉逆着纹路切成小片，加少许盐、淀粉和水，用手抓匀。

2 洋葱切丝，大蒜拍碎。

3 热锅凉油，下蒜爆香，下牛肉片快速翻炒至全部变色，盛出。

4 下洋葱翻炒，加入黑椒酱、红油、芝麻油、酱油，大火翻炒。

5 倒入炒好的牛肉，快速翻炒均匀出锅，撒上白芝麻即可。

## 菠菜拌金针菇

⏲ **食材**

菠菜 200 克，金针菇 180 克，彩椒 50 克，陈醋、蒜末、盐、芝麻油各适量

🍲 **做法**

1 将金针菇、菠菜洗净去根；彩椒切丝。

2 把处理好的蔬菜分别放入沸水锅中，各自焯水，捞出沥干水分，放入碗中。

3 加蒜末、盐、陈醋、芝麻油搅拌入味，盛入盘中摆好即可。

# 金针菇牛肉卷便当

一口肉，一口菜，健康又营养，但总有那么些吃货不满足于两口的速度，喜欢一口就能吃到更多的美味。现在让我们用牛肉把金针菇包裹起来，过油也不怕蔬菜的水分流失，更能满足一口享受美食的吃货们。

菜单

金针菇牛肉卷
盐焗荷兰豆
鲜虾沙拉

制作方法

## 金针菇牛肉卷

### 食材

牛肉150克，金针菇50克，蛋清30克，盐、食用油各适量

### 做法

1 牛肉洗净，切成薄片，加盐腌渍15分钟至入味。

2 铺平牛肉片，抹上蛋清，放入金针菇，卷成卷，用蛋液涂抹封口。

3 煎锅注入少许食用油，放入金针菇牛肉卷煎至熟透，盛出即可。

## 盐焗荷兰豆

### 食材

荷兰豆150克，盐、食用油各适量

### 做法

1 荷兰豆洗净，放入沸水锅中焯水。

2 变色后捞出，用冷水冲洗。

3 热油锅，倒荷兰豆翻炒，加盐调味，炒匀即可。

## 鲜虾沙拉

### 食材

鲜虾150克，绿豆芽100克，黄瓜50克，洋葱25克，红辣椒、柠檬汁、鱼露、盐、胡椒粉各适量

### 做法

1 鲜虾去壳、头、虾线，沸水焯熟。

2 黄瓜、洋葱、红辣椒洗净切丝。

3 柠檬汁、鱼露、盐、胡椒粉调成酱汁。

4 将蔬菜和鲜虾放入碗中，加入调好的酱汁拌匀即可。

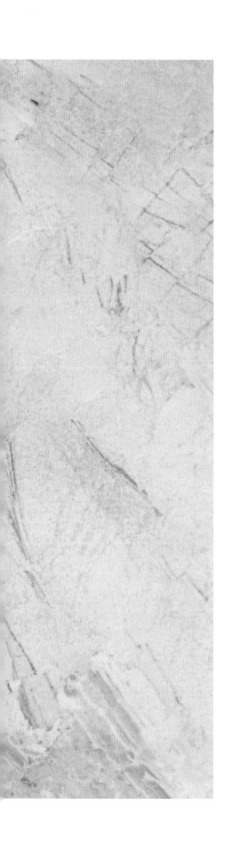

# 比翼便当

比翼双飞，比喻夫妻恩爱、相伴不离或男女情投意合，在事业上并肩前进，结为伴侣。亦有同名菜式，此菜是选用鸡翅为主料，成菜酸甜适口，鸡翅嫩滑入味，而取名为"比翼双飞"有祝"天下有情人终成眷属"之意！

菜单

红烧鸡翅
洋葱炒鸡蛋
盐焗毛豆

## 红烧鸡翅

### ⏲ 食材

鸡翅3只，葱段、姜末、蒜末各少许，盐3克，白糖5克，生抽18毫升，老抽、料酒各少许，食用油适量

### 🍲 做法

1 锅中注凉水，放鸡翅、料酒，煮2分钟。

2 将煮过的鸡翅捞出，用温水洗净，沥干水，用刀在表面切两下。

3 盐、生抽、老抽、白糖、水兑成调味汁。

4 放葱段、姜末、蒜末，爆香，加调味汁，加水约没过鸡翅，大火煮开后去浮沫。

5 加盖，转小火，煮15~20分钟，放适量白糖提鲜，大火收浓汤汁，盛出。

## 洋葱炒鸡蛋

### ⏲ 食材

鸡蛋2个，洋葱150克，葱花适量，盐、鸡粉各1克，食用油适量

### 🍲 做法

1 鸡蛋打入碗中，顺时针搅匀，调成蛋液。洋葱洗净切丝。

2 用油起锅，倒入蛋液翻炒1分钟至微熟盛出。

3 锅中再次注油，倒入切好的洋葱，翻炒片刻。

4 倒入炒好的鸡蛋，加盐、鸡粉炒匀，撒葱花即可。

# 盐焯毛豆

 食材

毛豆200克，盐、食用油各适量

🍽 做法

1 沸水锅加少许盐，放入洗净的毛豆，焯
  煮至断生。

2 捞出焯好的毛豆，放入冷水中冲洗片刻，
  捞出沥干水分。

3 热锅注入适量食用油，倒入毛豆翻炒片
  刻，加少许盐炒匀即可。

 装盒

取一个分层便当盒，上层一半装入米饭压平，
撒上一些黑芝麻点缀，一半装入红烧鸡翅；下层一
半装洋葱炒鸡蛋，一半装盐焯毛豆即可。

*Tips*

第一遍煮鸡翅时要凉水入锅，煮好后用温水冲
洗，这样肉质不紧，更有口感。

# 三杯鸡便当

三杯鸡发源于江西省，后来流传到台湾省，成了台菜的代表性菜品。烹制时不放汤水，仅用米酒一杯、油一杯、酱油一杯熬制而成。一单在手，在家就有，喜欢台湾风味的朋友现在可以轻轻松松在家就能做出美味的三杯鸡，将美味延续到办公室。

菜单

三杯鸡
咖喱土豆
木耳炒油菜

## 三杯鸡

### 食材

鸡肉 200 克，自制味素、玉米油、芝麻油、老抽、生抽、广东米酒、蒜子、姜、干辣椒各适量，九层塔数片，冰糖 6 颗

### 做法

1 热锅，先下玉米油，待油温升至七成，下芝麻油。

2 下蒜子、姜片、干辣椒煸香。

3 放鸡块，翻炒至鸡肉变色，加生抽、老抽炒匀。

4 倒米酒，放冰糖，大火烧开，下自制味素。

5 转中小火盖锅盖焖 20 分钟。

6 待锅内汁水收至九成时，转大火，下九层塔翻炒 1 分钟，出锅即可。

## 咖喱土豆

### 食材

土豆 250 克，盐、鸡粉、食用油、咖喱各适量

### 做法

1 土豆去皮洗净，然后切成小块。

2 热锅注油烧热，放入土豆块，加适量清水，盖上盖，大火煮开改为中小火续煮 10 分钟。

3 放适量盐煸炒 3 分钟，再放适量咖喱煸炒 2 分钟。

4 放入适量鸡粉翻炒均匀，盛出装盘即可。

# 木耳炒油菜

⏳ **食材**

油菜 50 克，木耳 20 克，虾皮、蒜蓉、盐、食用油各适量

🍲 **做法**

1 取适量木耳放入水中浸泡片刻，泡发后捞出沥干水分。

2 油菜洗净，放入沸水锅中焯片刻，捞出沥干水分。

3 热锅注油，放入蒜蓉和虾皮爆香。

4 放入油菜和木耳翻炒片刻，加盐炒匀调味，即可出锅。

### 装盒

取分层便当盒，一层先盛入米饭，撒上黑芝麻装饰，留出一块三角形，在三角区域放入木耳炒油菜；另一层的一半位置以生菜垫底，盛入咖喱土豆，另一半位置盛入三杯鸡。

*Tips*

三杯鸡的烹饪过程中，先下玉米油，再下芝麻油，芝麻油温度过高会变苦。

# 东安子鸡便当

东安子鸡是一道湖南的汉族传统名菜，鲜嫩可口，香辣适宜，用鸡和姜丝、红辣椒煸烧而成。色彩朴素清新，鸡肉肥嫩异常，味道酸辣鲜香。给自己、给家人吃的饭菜，要丰盛，要喜庆，更要不嫌麻烦。

菜单

东安子鸡
干炸小黄鱼
姜汁拌菠菜

制作方法

## 东安子鸡

### ⌛ 食材

鸡肉 400 克，红椒丝 35 克，辣椒粉 15 克，花椒 8 克，姜丝 30 克，料酒 10 毫升，鸡粉 4 克，盐 4 克，鸡汤 30 毫升，米醋 25 毫升，辣椒油 3 毫升，花椒油 3 毫升，食用油适量

### 🍲 做法

1 沸水锅中放入鸡肉，加适量料酒、鸡粉、盐，加盖煮 15 分钟至七成熟。

2 捞出鸡肉，沥干水分，放凉后斩成小块。

3 用油起锅，加姜丝、花椒、辣椒粉爆香。

4 倒入鸡肉块，略炒片刻，加入鸡汤，淋入米醋。

5 放入盐、鸡粉，炒匀调味，淋入辣椒油、花椒油，放入红椒丝，炒至其断生即可。

## 干炸小黄鱼

### ⌛ 食材

小黄花鱼 500 克，淀粉 100 克，葱、姜各适量，盐、料酒、花生油各适量

### 🍲 做法

1 将小黄花鱼洗净，去内脏，鱼身切直刀。

2 葱洗净切段，姜洗净切片。

3 小黄花鱼放入盆中，加入盐、料酒，再加入葱段、姜片，腌渍入味。

4 锅内注花生油烧至五成热。

5 小黄花鱼依次蘸匀淀粉，放入锅中炸至金黄，捞出盛盘即可。

# 姜汁拌菠菜

 **食材**

菠菜 300 克，姜末、蒜末各少许，罕宝南瓜籽油 18 毫升，盐、鸡粉、生抽各少许

🍲 **做法**

1　洗净的菠菜切成段，待用。

2　沸水锅中加盐，淋入 8 毫升南瓜籽油。

3　倒入切好的菠菜，汆煮一会儿至断生。

4　捞出汆好的菠菜，沥干水分，装碗待用。

5　往汆好的菠菜中倒入姜末、蒜末。

6　倒入 10 毫升南瓜籽油、盐、鸡粉、生抽，充分将食材拌匀即可。

## 装盒

取一个分层便当盒，在上层盛入米饭压平，撒上黑芝麻，摆放好控油后的干炸小黄鱼；另一层分格便当盒中，小格位置盛入姜汁拌菠菜，大格位置装入东安子鸡。

### Tips

东安子鸡煮的时间不宜过长，以能插进筷子、拔出无血水为准。

# 咖喱鸡便当

咖喱鸡块的烹饪技巧以烧为主，口味以鲜为主，略带甜辣，咖喱味浓厚。鸡肉肉质特别细嫩，加了咖喱伴米饭味道特别好。

菜单

咖喱鸡
秋葵鸡蛋卷
炒菜心

 制作方法

## 咖喱鸡

### 食材

鸡胸肉 100 克，土豆 100 克，胡萝卜 50 克，洋葱 50 克，咖喱 100 克，食用油适量

### 做法

1 土豆、胡萝卜、洋葱去皮，洗净后切成小块。

2 鸡胸肉切丁，放入沸水中焯去血水，捞出沥干水分。

3 热油锅，放入胡萝卜块、洋葱块，翻炒后加土豆块炒匀。

4 加入鸡肉丁炒匀，加少许清水，大火烧开后改小火炖熟。

5 加入适量咖喱搅匀，焖 3 分钟，盛出即可。

## 秋葵鸡蛋卷

### 食材

秋葵 150 克，鸡蛋 2 个，盐、食用油各适量

### 做法

1 秋葵洗净切段，沸水烫熟，再用冷水过一下。

2 鸡蛋打散，加盐搅匀，放入煎锅小火煎成蛋皮。

3 取出后放秋葵卷起，再均匀切开即可。

## 炒菜心

### 食材

菜心 300 克，蒜 3 瓣，盐少许，食用油适量

### 做法

1 锅里放油和蒜炒香。

2 倒入菜心翻炒，炒至菜心变软。

3 加适量盐调味即可。

# 白切鸡便当

无"鸡"不欢，鸡年怎么能够不吃鸡呢？白切鸡皮爽肉滑、清淡鲜香，再配上蘸料，那口感绝对足够销魂！来来来,快来做一只超正经的鸡!

菜单

杂粮饭
白切鸡
芝士厚蛋卷

制作方法

## 杂粮饭

🕐 **食材**

大米 30 克，糯米 20 克，红豆 20 克，黑米 20 克，燕麦米 15 克，荞麦 15 克，小米 15 克

⛑ **做法**

1 红豆提前放冰箱冷藏浸泡一夜。

2 把黑米、燕麦米、荞麦洗干净，红豆沥干水，加热水浸泡 1 小时。

3 全部材料倒入电饭煲，加入比平时煮饭多一点的水，煮熟后打开翻匀即可。

## 芝士厚蛋卷

🕐 **食材**

鸡蛋 1 个，芝士 2 片，盐、食用油各适量

⛑ **做法**

1 鸡蛋打散，加盐、食用油搅匀，调成蛋液。

2 热平底锅，倒入少许食用油，倒入蛋液铺满锅面。

3 快熟时将芝士放在鸡蛋上，然后卷起，卷好后取出切片即可。

## 白切鸡

🕐 **食材**

鸡胸肉 160 克，葱半根，盐少许，料酒、姜、蒜、芝麻油各适量

⛑ **做法**

1 鸡肉凉水下锅，放葱、姜、料酒煮到水开，再煮 3~5 分钟，然后关火盖盖闷 15~20 分钟。

2 闷好的鸡肉放到凉水或冰水里泡 10 分钟，泡好的鸡肉晾干，刷上芝麻油。

3 生姜擦成姜蓉，葱段切末，放适量盐，油烧热冷却到温热后倒进去和匀即成酱汁。

4 鸡肉斩成块码盘，浇上酱汁即可食用。

# 缤纷蔬菜便当

新年长假已经过去了，秉承"每逢佳节胖三斤"的传统，大家是不是有点吃撑了呢？看到大鱼大肉提不起兴趣了？那就让我们给肠道"洗洗澡"，给身体瘦瘦身，来些新鲜健康又营养的蔬菜吧，用生机来迎接春天，用健康迎接新生活。

菜单

蒜香四季豆
彩椒拌生菜
水果沙拉

制作方法

## 蒜香四季豆

⏳ 食材

四季豆 200 克，蒜末少许，盐 5 克，食用油 5 毫升

🍳 做法

1 先把四季豆洗净，切成段。

2 沸水锅中加入少许食用油和盐，放入四季豆焯至断生。

3 捞出，放凉水过凉，保持豆角漂亮的绿色。

4 热油锅，爆香蒜末，倒入四季豆快速翻炒，加适量盐，翻炒均匀即可。

## 彩椒拌生菜

⏳ 食材

生菜 400 克，彩椒 50 克，腰果 30 克，盐、胡椒粉、橄榄油各适量

🍳 做法

1 生菜洗净，掰成小块；彩椒洗净，切成丝。

2 将生菜和彩椒分别放入沸水锅中焯熟，捞出沥干水分，装碗。

3 将食材混合用胡椒粉、盐和橄榄油调成的酱汁搅拌均匀即可。

## 水果沙拉

⏳ 食材

苹果、芒果各半个，猕猴桃 1 个，香蕉 1 根，沙拉酱少许，柠檬汁 5 毫升

🍳 做法

1 苹果、猕猴桃、芒果都去皮去核，切小块，放碗中拌匀。

2 香蕉剥皮切片，也放入碗中，淋入柠檬汁拌匀，淋上沙拉酱即可。

# Part 4

## 最独特的爱
## 创意十足爱心便当

总有一些日子是不一样的，
情感，在这特殊的日子里更加浓烈。
对于这样的日子，
用美食诉说自己的感情，
用情感增添食物的魅力。
做一份独特、丰富，又别出心裁的爱心便当，
既能满足 TA 的味蕾，又能表达你的爱意……

# 万圣节便当

又是万圣节啦！各种鬼怪美食让童鞋们玩得不亦乐乎，响应小朋友的要求，特地做上一款万圣节便当，女巫、魔鬼，还有那个不可缺少的南瓜怪，将满满的节日气息收入便当盒中，让美食和欢乐伴随这个特殊的日子。

菜单

万圣节芝士片
花式香肠
蒜薹炒肉丝

制作方法

## 花式香肠

🕰 食材

火腿肠 3 根，食用油适量

🍽 做法

1 火腿肠切段，划成六等份，吊起每个边角，成花形。

2 开花的火腿肠扔进沸水锅内焯一下。

3 将火腿肠捞出沥干水分，再放入热油里过油一下。

## 蒜薹炒肉丝

🕰 食材

瘦肉 150 克，蒜薹 100 克，淀粉、酱油、盐、食用油各适量

🍽 做法

1 蒜薹切段，瘦肉切丝。

2 切好的肉丝放入淀粉、盐、酱油腌渍 20 分钟。

## 万圣节芝士片

🕰 食材

海苔 2 张，芝士 1 片，水煮蛋白 1 个，南瓜少许

🍽 做法

1 先用海苔剪好万圣节主题的图案，再放在芝士片上刻下来。

2 将提前煮好的水煮蛋白用圆形模具扣下作为月亮。

3 放上做好的万圣节主题芝士片，和用南瓜模具印下来的南瓜造型做装饰。

3 锅内放少许油，放入蒜薹，加点盐，翻炒几下。

4 放少许水，稍微煮一两分钟起锅。

5 热锅注油，将肉丝放入锅内，翻炒至肉变颜色。

6 倒入蒜薹，再翻炒一会即可起锅。

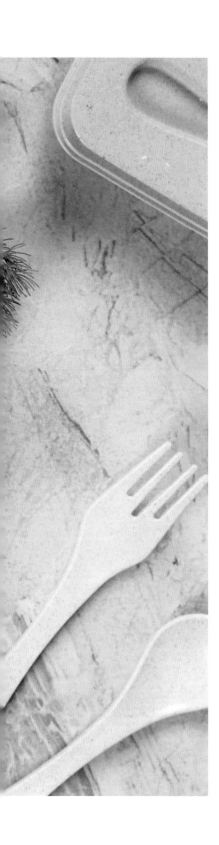

# 生日便当

一年一度的生日，许下美好的心愿，再吹灭蜡烛，Happy Birthday！便当里的蛋糕，便当外的蛋糕，都是妈妈满满的祝愿。

菜单

粉色草莓宝贝饭团
牛肉可乐饼
火腿土豆泥蛋糕

## 粉色草莓宝贝饭团

### 食材
白米饭适量，胡萝卜、苋菜汁、芝士片各少许，海苔 1 片

### 做法
1 苋菜汁倒入米饭中拌匀，用保鲜膜包裹做成圆形饭团。

2 胡萝卜倒入沸水锅中焯熟，切薄片，剪成椭圆形，贴在圆形芝士片上。

3 贴上用海苔剪的眼睛和嘴，再将芝士片贴在饭团上。

## 牛肉可乐饼

### 食材
土豆 4 个，牛肉片 200 克，洋葱半个，鸡蛋 1 个，盐、胡椒粉各少许，面粉100 克，面包糠、食用油各适量

### 做法
1 土豆煮熟，捣碎，牛肉、洋葱切碎，拌盐和胡椒粉。

2 鸡蛋和面粉加水，与做法 1 混合搅拌后做成圆形，裹上面包糠。

3 热锅倒足量油，将裹好面包糠的牛肉可乐饼放入油锅炸至金黄即可。

# 火腿土豆泥蛋糕

⏲ **食材**

土豆1个，胡萝卜1片，火腿2片，芝士1片，盐少许，樱桃1颗

🍲 **做法**

1 土豆削皮，加少许水盖上保鲜膜，用微波炉高火加热4分钟，取出捣碎。

2 火腿片1片切碎，掺入土豆泥中，加少许盐拌匀，放入盛杯中做造型。

3 用大小不一样的模具分别把胡萝卜片、芝士片和火腿片压成花形。

4 将最大片的芝士放在火腿土豆泥上，然后依次叠上火腿片、胡萝卜片，最后点缀上樱桃就完成了。

**装盒**

用生菜铺底，将火腿土豆泥蛋糕放入便当盒内，再放入粉色草莓宝贝饭团，最后在空隙处放入牛肉可乐饼，将剩余的火腿土豆泥压成动物形状放入便当盒，以西蓝花和切半的圣女果作为装饰。

*Tips*

当油温达到80℃以上即可下锅油炸，油温可插入筷子测试，有明显泡泡冒出来即可。

# 圣诞便当

用简单的装饰来表现华丽的节日。在这个一年中最后的节日里，给自己或给爱的人多一份礼物，一盒满满的爱意。Merry Christmas！

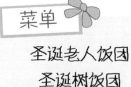

菜单

圣诞老人饭团
圣诞树饭团
酱汁肉卷
蛋包肠

制作方法

## 圣诞老人饭团

⏱ **食材**

白米饭半碗，菠菜粉适量，胡萝卜、芝士片、盐、海苔各少许

🍲 **做法**

1 米饭里放入菠菜粉和少许盐，搅拌均匀，用保鲜膜包裹做出圆饭团。

2 芝士片用牙签划切出波浪和锯齿形状，胡萝卜切三角形和圆柱形，火腿片切圆形。

3 将做法2组合起来放在饭团上，加上用海苔剪的眼睛即可。

## 制作方法

# 圣诞树饭团

## 食材

白米饭半碗，菠菜粉适量，黄瓜半根，胡萝卜、芝士片、盐各少许

## 做法

1 米饭里放入菠菜粉和少许盐搅拌均匀，用保鲜膜包裹做成圆饭团。

2 黄瓜削皮，在皮上刻出树形。

3 胡萝卜和芝士用模具扣花形和圆点，放在做法2上，做成圣诞树，放在饭团上即可。

# 酱汁肉卷

## 食材

猪肉片250克，胡椒粉、鸡粉各少许，味淋、酱油、淀粉、食用油各适量

## 做法

1 猪肉片摊开，将胡椒粉、鸡粉和淀粉均匀撒在肉片上。

2 把肉片卷起，沾点水淀粉在接口处。

3 将卷好的肉卷放入热油锅中煎至变色。

4 倒入酱油和味淋，加盖，烧至收汁。

# 蛋包肠

 **食材**

鸡蛋2个，香肠1根，盐少许，食用油
适量

**做法**

**1** 锅中放少许油，油热之后转小火倒入加
盐拌匀的鸡蛋液，煎成蛋饼。

**2** 放入香肠，将鸡蛋饼卷起来，煎至金黄
取出，放凉后切成小段即可。

 **装盒**

将圣诞老人饭团和圣诞树饭团先放入便当盒
中，用红叶生菜隔开，放入蛋包肠，再铺入一片
生菜，排放上酱汁肉卷，最后以西蓝花插缝。

*Tips*

做饭团时没有菠菜粉的话，可以用新鲜的菠
菜榨汁倒入米饭中搅拌。

# 情人节便当

　　浪漫的情人节又快到了，男生、女生们都想好送什么礼物给自己心爱的 TA 没？一朵玫瑰？一顿牛排？一场浪漫的约会，都不如一个精心准备、亲手制作的爱心便当来得富有新意、拥有爱意。爱 TA 就给 TA 做便当吧！

## 菜单

恋人饭团

香肠红心

黑椒煎牛排

## 制作方法

## 恋人饭团

⏳ **食材**

白米饭 200 克，鱼松、海苔、胡萝卜各适量

🍳 **做法**

1 白米饭内包鱼松，用保鲜膜包裹起来，用手捏成三角形。

2 贴上用海苔剪出来的头发、眼睛和嘴巴。

3 女生饭团再贴上两朵胡萝卜花做装饰。

## 香肠红心

⏳ **食材**

香肠 1 根，芝士 1 片

🍳 **做法**

1 将香肠从中间斜切，两头向上对在一起。

2 拼成一颗红心，用水果签固定好，再贴上一个爱心芝士片。

# 黑椒煎牛排

⏳ **食材**

腌渍牛排200克，黑胡椒牛排酱30克，橄榄油适量

🍲 **做法**

1 锅中倒入橄榄油烧热，放入牛排，翻面，将牛排煎至七分熟。

2 倒入黑胡椒牛排酱，煎至片刻至入味。

## 装盒

生菜铺底，先放入恋人饭团，中间留出放香肠红心的位置，在饭团下放入切好的黑椒煎牛排，中间以花式胡萝卜隔开，以西蓝花和圣女果填空。

### *Tips*

牛排如果厚点，2~2.5厘米的话，每面煎1.5分钟，煎牛排的时候只能翻一次面。

# 母亲节便当

"慈母手中线，游子身上衣。临行密密缝，意恐迟迟归。"一针一线，一言一句，每一句叮咛，每一声嘱咐，都是母亲对你深深的关怀和爱意。不再只是坐着等吃，而是学会用爱、用心为妈妈做一顿可口的饭菜。

菜单

康乃馨
香肉蒸蛋
香煎三文鱼
莴笋炒鸡肉片

制作方法

## 康乃馨

食材
  白米饭 150 克，胡萝卜片、荷兰豆、火腿各适量

做法

1 胡萝卜片用盐水焯熟，切成三角形，底部切锯齿，将数片交叠。

2 荷兰豆焯熟，切出茎、叶的形状。

3 火腿切片，再剪出蝴蝶结形。

4 胡萝卜片数片交叠作为康乃馨的花瓣，荷兰豆做茎、叶，火腿做包装花的蝴蝶结，放在米饭上即可。

## 香肉蒸蛋

⏲ **食材**

鸡蛋2个，猪肉末30克，盐、鸡粉、食用油各适量

🍲 **做法**

1 鸡蛋打至微微起泡，加水搅拌，放猪肉末，加盐、鸡粉、食用油搅匀。

2 放入电饭锅中蒸20分钟至肉蛋液成型，取出即可。

## 香煎三文鱼

⏲ **食材**

三文鱼排200克，黑胡椒、盐、橄榄油各适量

🍲 **做法**

1 三文鱼排撒上盐、黑胡椒，腌渍片刻。

2 热锅注入橄榄油加热，放入鱼排，煎1分半钟后再翻一面，煎1分半钟即可。

# 莴笋炒鸡肉片

## ⌛ 食材

鸡胸肉 150 克，莴笋 100 克，鸡蛋 1 个，葱、姜末、淀粉各少许，料酒、盐、胡椒粉、食用油各适量

## 🍲 做法

1. 鸡胸肉片成薄片，加入葱、姜末、少许料酒、盐、胡椒粉、蛋清、淀粉，拌匀腌渍半小时以上。

2. 莴笋洗净切片，焯片刻，捞出沥干。

3. 锅中注油，油热倒鸡肉片滑炒变色，倒入焯烫过的莴笋片，加入适量盐，翻炒均匀即可。

### 装盒

取一个玻璃便当盒，在四分之一位置盛入米饭压平，放上康乃馨，同侧位置以莴笋炒鸡肉片垫底，摆上三文鱼，香肉蒸蛋装入蛋糕杯中放在便当盒，最后盛入剩余的莴笋炒鸡肉片，用红生菜叶装饰。

### *Tips*

食用三文鱼前切几片柠檬，就餐时挤几滴柠檬汁在鱼肉上更添风味。

# 中秋节便当

举头望明月，低头思故乡。十五月圆，每逢佳节倍思亲。在这么一个团圆的日子里，无论是一人在外，还是与家人相聚一堂，我们都应该爱自己，爱惜自己的身体。做一顿美食，不要辜负这良辰美景，不要辜负家人对你的爱，爱自己也是爱家人。

**菜单**

黄金鸡球
拔丝鸡蛋

## 黄金鸡球

**食材**

面包糠30克，鸡脯肉末300克，鸡蛋40克，姜末、蒜末各少许，盐、鸡粉各2克，芝麻油4毫升，料酒5毫升，糖、黑胡椒、水淀粉、食用油各适量

**做法**

1 肉末、姜末、蒜末加盐、鸡粉、芝麻油、料酒、黑胡椒、糖。

2 打入鸡蛋，加水淀粉，拌匀。

3 将肉捏成丸子，蘸上面包糠，放入油锅中，炸至金黄色，捞出沥干即可。

## 拔丝鸡蛋

**食材**

鸡蛋3个，面粉10克，白芝麻适量，糖100克，水淀粉少许

**做法**

1 2个鸡蛋打入碗中，加入较稀的水淀粉，搅匀煎成蛋饼。

2 另一个鸡蛋与水淀粉、面粉调匀成糊。

3 鸡蛋饼出锅切块，挂上面糊，炸至膨胀捞出沥油。

4 锅中放入水、糖煮至颜色浅黄时关火，淋到炸好的鸡蛋块上拌匀，撒上白芝麻即可。

# 赏花便当

云赏花开，赏花的季节，放纵自己的少女心，学着少女漫画里做个文艺小便当，带着樱花去看樱花，美景、美食缺一不可。清风拂过，吃着美食，跟着樱花起舞。

菜单

芝麻拌菠菜
玉子烧
樱花火腿
炸鸡中翅

## 芝麻拌菠菜

▱ 食材
菠菜 150 克，生抽、盐、糖、芝麻各适量

🍲 做法

1 菠菜洗净切段，放入沸水锅中焯熟，捞出沥干。

2 加生抽、盐、少许糖，撒入芝麻拌匀即可。

## 玉子烧

⏳ **食材**

鸡蛋3个，盐、白砂糖、牛奶、食用油各适量

🍲 **做法**

1　鸡蛋打到碗里，加入适量盐、白砂糖、料酒，倒入牛奶拌匀。

2　锅烧热，加入适量的油，倒入适量的蛋液和肉松，布满整个锅面。

3　慢火煎至半熟的时候，把蛋皮对折，推向锅前端。

4　继续加蛋液重复以上步骤至蛋液用完。

## 樱花火腿

⏳ **食材**

火腿适量，白芝麻少许

🍲 **做法**

1　火腿尽量切薄，然后用模子压出花形。

2　在火腿的中间位置撒上几颗白芝麻，作为花蕊。

# 炸鸡中翅

## 食材

鸡中翅 200 克，鸡蛋 1 个，盐、鸡粉、胡椒粉、五香粉、生抽、料酒、面粉、食用油各适量

## 做法

1 鸡中翅洗净，在两面切上一字花刀。

2 加盐、鸡粉、胡椒粉、五香粉、生抽、料酒腌渍半小时。

3 鸡蛋打散，调成蛋液淋在腌渍好的鸡中翅上，倒入面粉拌匀。

4 热锅注入足够的油，待八成热的时候放入鸡中翅，炸至金黄色捞出控油即可。

## 装盒

取一大一小两个木制便当盒，大的便当盒调整好分隔木板，大的一侧铺上米饭，饭上摆上樱花火腿，小格中分别放入玉子烧和芝麻拌菠菜；炸鸡中翅独自放在小便当盒中，以生菜铺底，西蓝花插空。

制作玉子烧拌鸡蛋液的时候要顺着一个方向打，全程小火。

# 假期便当

休闲的假期，选择向来很多，有人选择远行，有人选择执守，闭着眼都能回味好久的浓香肯定是你心目中最地道的家的味道。天冷了，有人陪没人陪，都要好好吃饭哦~

菜单

迷迭香小牛排
什锦蔬菜蒸蛋糕
海苔芝士鸡肉卷

### 制作方法

## 迷迭香小牛排

**食材**

牛排 200 克，迷迭香、黑胡椒粗粒、盐、黄油各适量

**做法**

1 牛排切小块，用盐、粗黑胡椒颗粒和迷迭香腌渍 20 分钟。

2 平底锅烧烫，不放油直接把牛排放进去煎至四面变色。

3 放入一小块黄油，转小火至收汁。

## 什锦蔬菜蒸蛋糕

**食材**

胡萝卜、四季豆、娃娃菜各 30 克，鸡蛋 2 个，盐、胡椒粉、芝麻油各适量

**做法**

1 胡萝卜、四季豆、娃娃菜切成小丁，然后放进锅里蒸熟。

2 鸡蛋调成鸡蛋液，加盐和胡椒粉调味。

3 加入蔬菜丁，拌匀倒入碗中，隔水蒸 20 分钟，淋上芝麻油即可。

# 海苔芝士鸡肉卷

 **食材**

鸡胸肉 150 克，盐、胡椒粉、芝士、海苔、淀粉、食用油各适量，高汤少许

**做法**

1 鸡胸肉切成薄片，撒盐和胡椒粉调味。

2 铺上芝士片和海苔，涂淀粉，卷起来。

3 鸡肉卷接口朝下放入平底锅煎，等到封边后翻面。

4 等变色后可以倒入一点高汤再稍微煎一下，取出切成螺旋切面，然后用吸油纸吸去多余的油，摆入便当盒中即可。

 **装盒**

在米饭上撒黑芝麻；另一半铺上生菜，放入迷迭香小牛排，盛入海苔芝士鸡肉卷；什锦蔬菜蒸蛋糕再取一个小便当盒装好，撒些西蓝花碎即可。

## *Tips*

煎牛排的时候，煎锅一定要先用大火加热，等烧热后再煎牛排，不然温度不够，牛肉内部的水分就会流失。

# 健身加油便当

三月不减肥，四月徒伤悲。3月啦~小伙伴们，3月啦！减脂健身餐献上，甩脂吧~~~用训练后半小时到一小时之内补充蛋白质的首选食材——鸡胸肉作为主菜，辅以粗粮和蔬菜，让你在减肥健身的过程中依旧营养健康满分，脸色红润喜洋洋！！！

菜单

生煎鸡排
紫薯泥
西蓝花彩蔬丁

## 紫薯泥

⌚ **食材**

紫薯 150 克，牛奶适量

🍽 **做法**

1 紫薯切成片蒸熟。

2 加入牛奶搅拌，凉凉。

3 在星星、花、爱心、三角形模具中套上保鲜袋。

4 然后装入适量的紫薯泥压实，成型后小心取出即可。

## 生煎鸡排

⌚ **食材**

鸡胸肉 200 克，姜丝、盐、酱油、料酒各适量

🍽 **做法**

1 鸡胸肉洗净去膜，从中间片开，片成两片，在每片上切花刀。

2 加入姜丝、1 勺料酒、1 勺酱油、少量盐，腌 10 分钟。

3 平底不粘锅预热，不用放油，将腌好的鸡胸肉下锅，用中小火煎。

4 翻面，煎至两面金黄即可。

# 西蓝花彩蔬丁

**食材**

西蓝花50克，红彩椒、黄彩椒各20克，
玉米粒适量，盐少许

**做法**

1　西蓝花洗净切小朵，红彩椒和黄彩椒分
别洗净去籽，切成丁。

2　沸水锅中加入少许盐，然后将西蓝花和
彩椒丁放入锅中焯熟。

3　捞出焯熟后的蔬菜，再将玉米粒倒入沸
水锅中焯煮片刻捞出，共同过凉白开。

4　将过完凉水的蔬菜捞出，沥干水分装入
便当盒中即可。

**装盒**

取一大一小的便当盒，在小便当盒中整齐排
放好紫薯泥，大的便当盒中以生菜垫底，然后放
入鸡排，西蓝花彩蔬丁分别撒入两个便当盒的周
围空隙中即可。

## *Tips*

鸡胸肉腌渍前用刀背先将鸡胸肉两面敲打松
散，口感会更佳。

# 女孩花朵便当

一朵花，芬芳了一段相遇；一枚叶，明媚了一段人生。遇见的，就是最好的；手心里的，就是当下的珍惜。珍惜与你相遇的那个女孩，将情感化为鲜花，用便当盒装载爱意，为你的那个女孩特制这份爱。

**菜单**

女孩饭团
花式藕片花朵
西葫芦炒肉片
青椒炒鱿鱼

制作方法

## 女孩饭团

⏲ **食材**

米饭适量，海苔少许，鸡蛋2个

🍲 **做法**

1 米饭用保鲜膜包好，做成一个娃娃的头部和身体。

2 用海苔剪好眼睛和刘海，贴在米饭上。

3 鸡蛋做成蛋皮，将娃娃包起来，作为披风。

# 花式藕片花朵

## ⊠ 食材
莲藕1节，荷兰豆少许，紫甘蓝、盐、
白醋各适量

## 🍽 做法
1 莲藕洗净，去皮，用弧形刀切成藕花。
2 将藕花放入沸水锅中，焯熟后捞出。
3 紫甘蓝榨汁，滤渣，将藕片放入紫甘蓝
　汁内，加少许盐和白醋浸泡上色。
4 荷兰豆放入加少许盐的沸水中焯熟，切
　出茎叶的形状，摆放在藕片适合的位置。

# 西葫芦炒肉片

## ⊠ 食材
肉片100克，西葫芦50克，蚝油、生抽、
盐、食用油各适量

## 🍽 做法
1 西葫芦切开后去瓤，切成薄片，用盐腌
　渍20分钟，再用清水洗净。
2 热锅倒油烧热，放入肉片炒匀后加入西
　葫芦，翻炒至八成熟。
3 加入上等蚝油、生抽和适量盐，炒匀盛
　出即可。

# 青椒炒鱿鱼

 **食材**

鱿鱼 50 克，青椒 80 克，料酒、生抽、姜片、食用油各少许

**做法**

1 将鱿鱼处理干净后，切花刀，放入沸水锅中焯片刻。

2 热锅注油，放入姜片，煸炒出香味，倒入焯过水的鱿鱼。

3 倒入青椒炒匀，淋入料酒、生抽，炒匀调味即可。

 **装盒**

便当盒一半铺上米饭，摆上女孩饭团，放上花式藕片花朵；其余位置以生菜垫底，盛入西葫芦炒肉片，让肉片整齐排放在上面，再放入青椒炒鱿鱼，鱿鱼排放在上面，最后放上花式胡萝卜作装饰。

*Tips*

青椒炒鱿鱼，青椒要在最后快出锅时再放入，放早了青椒颜色会不好看。

# 玫瑰花园便当

　　七夕节到了，牛郎和织女忙着在鹊桥上相会。而你，是不是也想着你爱的那个人？玫瑰花被称为"爱情之花"，长期以来象征着爱情与美丽。1朵玫瑰代表——我的心中只有你！而你，送给了她一座玫瑰花园，因为你心里满满的都是她！

菜单

玫瑰火腿

咖喱土豆泥

玫瑰蒸饺

## 玫瑰火腿

### 🍴 食材
浅色圆片火腿片,深色圆片火腿片

### 🍽 做法

1 圆形火腿片对折后卷起。

2 两片一起卷得层次更多,把外层翻折下来就做好了一朵玫瑰。

3 用另一颜色的火腿片重复上面的步骤,做出另一种颜色的玫瑰即可。

## 咖喱土豆泥

### 🍴 食材
土豆1个,胡萝卜半根,芹菜少许,牛奶、咖喱、盐、食用油各适量

### 🍽 做法

1 土豆和胡萝卜切丁,放入水中,加少许食用油,煮5分钟。

2 芹菜切小段,放入锅中同煮,加入咖喱、盐调味。

3 加入牛奶后煮至浓稠即可。

# 玫瑰蒸饺

## 🍽 食材

肉末 100 克，饺子皮、料酒、生抽、葱花、胡椒粉、盐、鸡蛋、芝麻油各适量

## 🥢 做法

1 肉末中加入料酒、生抽、葱花、胡椒粉、盐、鸡蛋、芝麻油，搅拌均匀。

2 饺子皮4个为一组叠放，再平铺上肉馅。

3 从最后一张饺子皮开始，把饺子皮对折起来，把饺子皮卷起来，立起来就是玫瑰花了。

4 将做好的玫瑰饺子放入蒸锅中，蒸熟取出即可。

 装盒

米饭放入饭盒中，中间留空，填入咖喱，摆上洗好的红叶生菜，然后再放入玫瑰火腿插入咖喱中固定就可以了；取另一个小便当盒以生菜垫底，摆好玫瑰煎饺，就完成了。

*Tips*

为了保持花的形状，肉馅尽可能不要放太多，在蒸玫瑰饺子的过程中可以根据个人口味做好调料。

# 春日便当

春天到了，大地回春，天气暖洋洋的，到处都是春意盎然的景象。吃点青菜，有绿色来迎接春日的生机；吃点海味，和海洋一起唤起沉睡的虾兵蟹将。

菜单

虾仁鸡蛋卷
酱汁鸡翅
清炒菠菜

制作方法

## 虾仁鸡蛋卷

**食材**

鸡肉150克，虾仁100克，鸡蛋2个，胡萝卜少许、白胡椒粉、盐、料酒、生粉、食用油各适量

**做法**

1 虾仁切成小丁，鸡肉打成肉泥，胡萝卜擦成细丝。

2 以上食材放入大碗里，加料酒、盐、生粉、白胡椒粉。

3 用筷子朝一个方向充分搅打上劲，期间加入适量冷水继续搅打。

4 鸡蛋加少许盐和生粉打匀，摊成薄薄的蛋饼，把肉馅铺在蛋饼上卷起来。

5 放入盘里，入蒸锅，用大火上蒸8~10分钟至熟即可。

## 酱汁鸡翅

**食材**

鸡翅200克，盐、姜片、大蒜各少许，香菜、红糖、生抽、水淀粉、食用油各适量

**做法**

1 鸡翅放入沸水锅焯一下。

2 放姜片、大蒜爆香，加鸡翅翻炒至变色，加水、生抽，红糖切碎放进去，一起焖7分钟。

3 加入水淀粉、少许盐，炒匀装盘即可。

## 清炒菠菜

**食材**

菠菜200克，蒜头3瓣，鸡粉、盐、食用油各适量

**做法**

1 热锅倒油，放入蒜片爆香。

2 开大火，将菠菜下锅翻炒至变色变软。

3 加入适量盐和鸡精，炒匀后关火盛出即可。

# 夏日便当

夏日，你会想到什么？烈日？对！炎炎夏日，酷热的天气让人食欲不振，而凉拌菜就成为了大家日常饮食中最喜欢的食物，拍根黄瓜，为自己、为家人拍出清凉一夏。跟着章鱼一起遨游海洋，忘却夏日的烦恼。

菜单

香肠章鱼
小葱炝肉片
凉拌黄瓜

## 香肠章鱼

⌛ 食材

小香肠、芝士片、海苔各少许

🍳 做法

1 小香肠在底部等距离切数刀，注意不要切太深。

2 放入沸水锅中焯煮片刻，至香肠章鱼的足翘起，捞出沥干水分。

3 芝士片切小圆，上面贴上海苔剪成的小圆点作为眼睛即可。

## 小葱炝肉片

⌛ 食材

瘦肉片200克，小葱3根，姜少许，烤肉酱、料酒、淀粉、食用油各适量

🍳 做法

1 姜切末，和淀粉一起揉入肉片中调味；小葱切葱花。

2 热锅倒油，将肉片倒入，翻炒至变色。

3 倒入料酒和烤肉酱继续翻炒，出锅前撒上葱花即可。

## 凉拌黄瓜

⌛ 食材

黄瓜1根，蒜泥、辣椒面、醋各适量

🍳 做法

1 将切好的黄瓜放入盘子里，倒入醋，放入蒜泥。

2 放入冰箱里10分钟以上，拿出撒上辣椒面即可。

# 秋日便当

秋天来临，天气慢慢转凉，人的胃口变得越来越好，保持"使用当地、当季食材"的原则，做一份不仅可以秋日郊游，也是办公室用餐的健康便当。

菜单

胡萝卜枫叶
芝士鸡肉卷
西蓝花冬瓜

制作方法

## 胡萝卜枫叶

### 食材
胡萝卜少许

### 做法
1 胡萝卜切片，放入沸水锅焯熟捞出。
2 切成枫叶的形状即可。

## 西蓝花冬瓜

### 食材
冬瓜 200 克，西蓝花 150 克，葱花、盐、鸡粉、白糖、水淀粉、芝麻油各适量

### 做法
1 冬瓜装入碗中，加入盐、鸡粉、白糖放入蒸锅蒸熟。
2 另起锅，注水，加入盐和食用油烧开。
3 倒入胡萝卜、西蓝花焯熟捞出与冬瓜盛在一起，淋入芝麻油。

## 芝士鸡肉卷

### 食材
培根 2 片，面包糠、面粉各 100 克，鸡蛋 1 个，鸡脯肉 80 克，芝士 4 片，食用油适量

### 做法
1 鸡脯肉片成薄片，放上芝士片和培根，从一端卷起，卷成小卷。
2 将卷好的鸡肉卷依次蘸上一层面粉、鸡蛋液和面包糠。
3 放入油锅中，用中火炸至金黄即可。

# 冬日便当

也许每天只有一个人吃饭，但还是要认真地对待自己，对待每一顿。在这寒冷的冬天，坚持每天给自己做一份暖心的便当，坚持每天不重样，因为暖的不止是胃，还有自己的心。给自己、给家人多一份爱。

菜单

芝士火腿雪人
红烧排骨
香菇烩大白菜

制作方法

## 芝士火腿雪人

**食材**

芝士1片，火腿、海苔各适量，番茄酱少许

**做法**

1 将芝士叠加起来剪出雪人的身体，火腿切薄片，切出雪人的帽子和围巾。

2 用海苔剪出雪人的鼻子、眼睛、嘴巴和衣服纽扣，用番茄酱在雪人脸上点上两点做腮红。

## 红烧排骨

**食材**

排骨200克，生姜10克，大葱、八角、桂皮各少许，料酒、酱油、盐、白糖、食用油各适量

**做法**

1 热锅倒油，爆香葱、姜，放入排骨翻炒至变色。

2 加入料酒、盐炒匀，加开水没过排骨。

3 烧开后加桂皮、八角，改小火炖20分钟，加酱油和白糖收汁即可。

## 香菇烩大白菜

**食材**

香菇100克，大白菜200克，姜、蒜、盐、食用油各适量

**做法**

1 热锅注油，下姜、蒜炒香，倒入香菇，翻炒至变软。

2 倒入大白菜，翻炒均匀，出锅前加盐调味即可。

# "鸡" 祥便当

所有的食材都是用来搭配鸡肉的，但不会喧宾夺主，只会更加激发出鸡肉应有的鲜甜味道。外酥里嫩的口感，锁住的是营养多汁，让你的鸡年天天拥有健康与美味。

菜单

麻辣干炒鸡
蒜蓉娃娃菜
爱心煎蛋
三色蘑菇炖鸡

制作方法

## 麻辣干炒鸡

### 食材

鸡腿块 300 克，干辣椒 10 克，花椒 7 克，葱段、姜片、蒜末各少许，盐 2 克，鸡粉 1 克，生粉 6 克，料酒 4 毫升，生抽 5 毫升，辣椒油 6 毫升，花椒油 5 毫升，五香粉 2 克，食用油适量

### 做法

1 鸡块中加入盐、鸡粉、生抽，撒上生粉，注少许食用油，拌匀腌渍 10 分钟。

2 锅中注油，烧至六成热，倒入腌渍好的鸡块，捞出，沥干油。

3 锅底留油烧热，放入葱段、姜片、蒜末、干辣椒、花椒、爆香。

4 倒入炸好的鸡块，炒匀，淋入料酒、生抽，加入盐、鸡粉，炒匀调味。

5 倒入辣椒油、花椒油，炒匀，撒上五香粉，翻炒片刻即可。

## 蒜蓉娃娃菜

### 食材

娃娃菜 200 克，蒜、高汤、盐、水淀粉、食用油各适量

### 做法

1 将娃娃菜洗净沥干，一剖为四；蒜去皮切末。

2 锅中放适量水，放少许盐和油，水开后放入娃娃菜，焯熟后捞出摆盘。

3 锅中放适量油，油烧至五成热时将蒜末放入，炸至金黄时捞出，放在娃娃菜上。

4 锅中留少量底油，倒入高汤，加盐调味，加入水淀粉勾芡，将芡汁浇在娃娃菜上即可。

# 制作方法

## 爱心煎蛋

🕐 **食材**

鸡蛋1个，食用油适量

🍳 **做法**

1 热锅注油烧热，将心形模具放入锅中。

2 将鸡蛋打入锅中心形模具内，小火煎至七八分熟即可。

# 三色蘑菇炖鸡

🕐 **食材**

鸡肉块400克，胡萝卜块100克，鲜香菇块40克，秀珍菇50克，口蘑片50克，姜片少许，盐2克，鸡粉2克，食用油适量

🍳 **做法**

1 锅中注水烧开，加胡萝卜、所有菌菇，煮约1分钟，捞出沥干。

2 倒入鸡块，余去血水杂质，捞出沥干。

3 砂锅中注水烧热，倒入姜片、鸡块，加入余好的食材，拌匀。

4 盖上锅盖，烧开后转小火炖20分钟至熟透。

5 掀开锅盖，放入盐、鸡粉，搅匀调味即可。

**装盒**

取两个木制便当盒，大的便当盒平铺一层米饭，摆上爱心煎蛋和蒜蓉娃娃菜；小的分层便当盒，深的一个装炖鸡汤，另一个盛麻辣干炒鸡即可。

*Tips*

单面煎鸡蛋，火一定要小，不能着急，否则底部煳了，上面还是生的。如果是喜欢全熟，却又想煎蛋漂亮，可以在煎蛋上扣一个盖子。